安徽省气象灾害风险区划方法与实践

田　红　谢五三　卢燕宇　唐为安　王　胜
温华洋　程向阳　鲁　俊　陶　寅　戴　娟　编著

内容简介

本书依据自然灾害风险分析原理，从致灾因子、孕灾环境、承灾体和抗灾能力等四个方面，系统地研究了气象灾害风险评估及区划技术方法，并将该方法应用于安徽省，开展了全省暴雨洪涝、干旱、台风、高温、低温冷冻害、雷电、冰雹、大雾、电线覆冰等9种气象灾害风险评估与区划。

本书可供从事自然灾害风险管理的部门和人员参考。

图书在版编目(CIP)数据

安徽省气象灾害风险区划方法与实践 / 田红等编著. -- 北京 : 气象出版社, 2017.5

ISBN 978-7-5029-6539-6

Ⅰ.①安… Ⅱ.①田… Ⅲ.①气象灾害-气候区划-研究-安徽 Ⅳ.①P429

中国版本图书馆CIP数据核字(2017)第083445号

Anhui Sheng Qixiang Zaihai Fengxian Quhua Fangfa yu Shijian

安徽省气象灾害风险区划方法与实践

出版发行：气象出版社

地　　址：北京市海淀区中关村南大街46号　　**邮政编码**：100081

电　　话：010-68407112(总编室)　010-68409198(发行部)

网　　址：http://www.qxcbs.com　　**E-mail**：qxcbs@cma.gov.cn

责任编辑：杨泽彬　　**终　　审**：邵俊年

责任校对：王丽梅　　**责任技编**：赵相宁

封面设计：博雅思企划

印　　刷：北京建宏印刷有限公司

开　　本：787 mm×1092 mm　1/16　　**印　　张**：7.375

字　　数：200千字

版　　次：2017年5月第1版　　**印　　次**：2017年5月第1次印刷

定　　价：75.00元

目　　录

第1章　引　　言

随着经济社会的发展，自然灾害造成的损失越来越明显，已经成为影响经济发展、社会安定和国家安全的重要因素。在众多的自然灾害中，气象灾害所占的比重最大。据联合国世界气象组织(World Meteorological Organization，WMO)统计，气象灾害损失占自然灾害总损失的70%以上。安徽省地处中纬度地带，属暖温带向亚热带的过渡型气候，天气复杂多变，灾害频繁，主要有暴雨洪涝、干旱、台风、高温、低温冷冻害、雷电、冰雹、大雾、冰冻等气象灾害。

为了减轻灾害造成的损失，人类开展了大量的工程和非工程减灾行动。盲目的减灾行动必然导致人力、物力和财力等的大量浪费，有悖于减灾的初衷。只有对灾害的孕育、发生、发展、可能造成的影响有科学的认识，才能避免行动的盲目性。国内外大量的减灾实践表明，防灾减灾三大体系——监测预报体系、防御体系和紧急救援体系在时间域与空间域上的优化配置和有序建设，需要以正确的灾害风险分析成果为基本依据。用风险的理念认识和管理灾害，才能在最大程度减轻灾害影响的同时，谋求社会经济的持续发展。自然灾害风险管理的重要前提需要对灾害风险进行评估和区划。合理的灾害风险区划对自然灾害的预防与治理、减灾规划与措施的决策以及灾害保险制度的制定等具有重要意义。

为有效规避风险，达到优化资源配置，为防灾减灾工作提供理论支持，开展安徽省主要气象灾害风险区划工作是非常必要的。本书依据自然灾害风险分析原理，结合安徽实际，开展暴雨洪涝、干旱、台风、高温、低温冷冻害、雷电、冰雹、大雾、冰冻等气象灾害风险评估与区划，构建了安徽省气象灾害风险评价指标体系和灾害风险数据库，研究了致灾因子、孕灾环境、承灾体、抗灾能力等与气象灾害形成的关系，建立了风险评估模型，利用模型开展了致灾因子危险性评估和区划、孕灾环境敏感性评估和区划、承灾体易损性评估和区划、抗灾能力评估和区划以及灾害风险综合评估和区划，为防灾减灾工作提供科学依据。

第 2 章　研究思路

基于自然灾害风险形成理论，气象灾害风险是由危险性（致灾因子）、敏感性（孕灾环境）、易损性（承灾体）和抗灾能力四部分共同形成的（图 2.1）。危险性表示引起灾害的致灾因子强度及概率特征，是灾害产生的先决条件；敏感性表示在气候条件相同的情况下，某个孕灾环境的地理地貌条件与致灾因子配合，在很大程度上能加剧或减弱气象灾害及次生灾害；易损性表示承灾体整个社会经济系统（包括人口、农业、经济等）易于遭受灾害威胁和损失的性质和状态；抗灾能力指承灾体抵御灾害的能力。

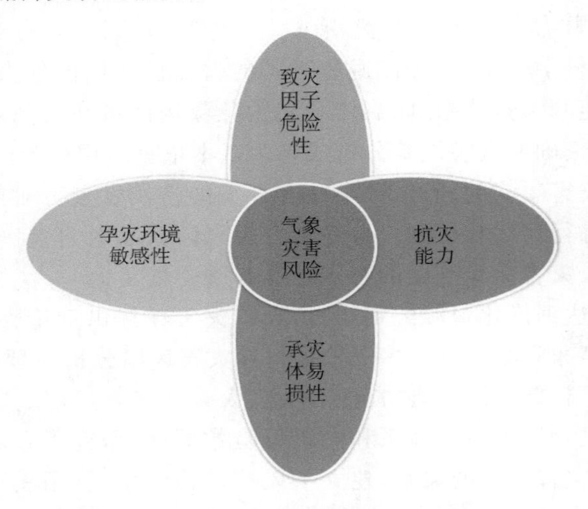

图 2.1　气象灾害风险的形成和组成要素

本书依据自然灾害风险分析原理，从致灾因子、孕灾环境、承灾体、抗灾能力等四个方面去综合评估安徽省主要气象灾害风险程度的地区差异，以一个综合的灾害风险指数作为指标，对安徽省主要气象灾害进行风险区划，并对区划结果进行验证。

第 3 章　风险评估方法和概念模型

为了消除各指标的量纲差异，对每一个指标值进行归一化处理。对于危险性、敏感性和易损性所包含的各个指标归一化计算公式为：

$$D_{ij} = 0.5 + 0.5 \times \frac{A_{ij} - \min_i}{\max_i - \min_i} \tag{3.1}$$

式中：D_{ij} 是 j 站（格）点第 i 个指标的归一化值；A_{ij} 是 j 站（格）点第 i 个指标值；$\min_i$ 和 $\max_i$ 分别是第 i 个指标值中的最小值和最大值。

由于抗灾能力越强，相应的灾害风险越小，因此抗灾能力的各个指标归一化方法与其他要素不同，计算公式为：

$$D_{ij} = 1.0 - 0.5 \times \frac{A_{ij} - \min_i}{\max_i - \min_i} \tag{3.2}$$

各评价因子指数（即致灾因子危险度、孕灾环境敏感度、承灾体易损度和抗灾能力指数）的计算则采用加权综合评价法，它是综合考虑各个指标对总体对象（因子）的影响程度，把各个具体指标的作用大小综合起来，用一个数量化指标加以集中表示整个评价对象的影响程度，计算公式为：

$$V_j = \sum_{i=1}^{n} W_i \cdot D_{ij} \tag{3.3}$$

式中：V_j 是评价因子的总值；W_i 是指标 i 的权重；D_{ij} 是对于因子 j 的指标 i 的归一化值；n 是评价指标个数。

最后根据自然灾害风险形成原理及评价指标体系，利用加权综合评价法，建立气象灾害风险指数模型，计算公式为：

$$MDRI = (VE^{we})(VH^{wh})(VS^{ws})(VR^{wr}) \tag{3.4}$$

式中：$MDRI$ 为气象灾害风险指数，用于表示气象灾害风险程度，其值越大，则灾害风险程度越大；VE、VH、VS、VR 的值表示根据式(3.3)加权综合法计算得到的气象灾害危险性、敏感性、易损性和抗灾能力各因子指数。we、wh、ws、wr 是各评价因子的权重，权重的大小依据各因子对气象灾害的影响程度大小，根据专家意见，结合当地实际情况讨论确定。

最后，根据灾害风险指数分布，将安徽省主要气象灾害风险区划按 5 级分区划分，即高风险区、次高风险区、中等风险区、次低风险区和低风险区。

第4章　数据资料

气象数据：安徽省79个台站1961—2009年逐日降水量、平均气温、最低气温、最高气温、相对湿度、极大风速、大雾、雷暴日数及冰雹直径等，取自安徽省气象档案馆。

地理信息数据：国家气象信息中心下发的安徽省1∶50000 GIS地图中提取的地形高程、河网数据、行政区划、土壤电导率等。土地覆盖类型数据来自欧洲空间局全球土地覆盖项目(ESA/ESA Globcover Project)，本书利用安徽省行政边界提取出该省范围内土地覆盖数据，数据精度为10″经纬度。

社会统计资料：安徽省各市县的国土面积、耕地面积、农作物播种面积(小麦、水稻、油菜及棉花等)、人口、GDP、旱涝保收面积、水土流失治理面积、有效灌溉面积、城镇化率、农田水利设施等社会经济资料，取自2006—2008年安徽省统计年鉴。

灾情资料：来自安徽省民政厅救灾办1997—2009年气象灾情数据、气象灾害普查数据库中的灾情记录，以及气象灾害大典、地方志和相关历史文献等。

第 5 章　气象灾害风险区划方法

5.1　致灾因子评估方法

气象灾害致灾因子危险性的分析关键是在于极端气候事件的识别和评估。对于极端气候事件的识别，首先根据灾害的致灾机理来定义并提取灾害性天气过程，然后采用某一气象要素或几个要素的组合来表征极端气候事件的强度。在进行危险性分析时需要同时考虑极端气候事件的强度和频次，综合分析二者对致灾因子危险性的作用。因此，气象灾害致灾因子危险度定量评估的关键技术主要包括：①主要极端气候事件的识别和定量评估；②指标等级的划分；③致灾因子危险度的综合分析。

5.1.1　极端气候事件定量评估指标

5.1.1.1　暴雨过程强度指数

暴雨洪涝灾害主要是由于降水异常偏多、强度过大而引起的，灾害强度与过程雨量密切相关，因此采用了暴雨过程强度指数来分析致灾因子。过程降水中至少有一天的日雨量≥50 mm 定义为一次暴雨过程。然后统计全省所有台站符合基本条件的 1 d，2 d，3 d，…，10 d 的不同天数连续过程雨量，将所有台站雨量样本汇总排序，将 60%～80%的阈值定为 1 级强度，80%～90%的阈值定为 2 级强度，90%～95%的阈值定为 3 级强度，95%～98%的阈值定为 4 级强度，≥98%的阈值为 5 级强度，由此划分出不同天数暴雨过程的各级降水强度范围（表 5.1），以此作为暴雨过程强度指数来表征极端气候事件的强度。

表 5.1　暴雨强度划分标准(mm)

暴雨天数	1 级	2 级	3 级	4 级	5 级
1 d	$70\leqslant R<85$	$85\leqslant R<100$	$100\leqslant R<120$	$120\leqslant R<140$	$R\geqslant 140$
2 d	$85\leqslant R<105$	$105\leqslant R<125$	$125\leqslant R<140$	$140\leqslant R<160$	$R\geqslant 160$
3 d	$100\leqslant R<130$	$130\leqslant R<160$	$160\leqslant R<190$	$190\leqslant R<240$	$R\geqslant 240$
4 d	$120\leqslant R<150$	$150\leqslant R<190$	$190\leqslant R<230$	$230\leqslant R<290$	$R\geqslant 290$
5 d	$130\leqslant R<165$	$165\leqslant R<205$	$205\leqslant R<250$	$250\leqslant R<335$	$R\geqslant 335$
6 d	$150\leqslant R<190$	$190\leqslant R<245$	$245\leqslant R<300$	$300\leqslant R<360$	$R\geqslant 360$
7 d	$165\leqslant R<215$	$215\leqslant R<275$	$275\leqslant R<315$	$315\leqslant R<390$	$R\geqslant 390$

续表

暴雨天数	1级	2级	3级	4级	5级
8 d	$180\leqslant R<240$	$240\leqslant R<300$	$300\leqslant R<350$	$350\leqslant R<400$	$R\geqslant 400$
9 d	$200\leqslant R<260$	$260\leqslant R<305$	$305\leqslant R<330$	$330\leqslant R<425$	$R\geqslant 425$
10 d及以上	$280\leqslant R<375$	$375\leqslant R<485$	$485\leqslant R<630$	$630\leqslant R<720$	$R\geqslant 720$

注：R表示降水量。

5.1.1.2　干旱过程强度指数

干旱的危害受干旱强度和持续时间的共同影响。本书定义了干旱过程强度指数，由过程平均干旱强度值和过程持续时间两项指标综合确定。干旱强度指标采用《气象干旱等级》国家标准（GB/T 20481—2006）中给出的综合气象干旱指数CI，它是利用近30 d（相当月尺度）和近90 d（相当季尺度）标准化降水指数，以及近30 d相对湿润指数进行综合而得，该指数既反映短时间尺度（月）和长时间尺度（季）降水量气候异常情况，又反映短时间尺度（影响农作物）水分亏欠情况，综合气象干旱指数CI的计算见下式：

$$CI = aZ_{30} + bZ_{90} + cM_{30} \tag{5.1}$$

式中：Z_{30}、Z_{90}分别为近30 d和近90 d标准化降水指数SPI值；M_{30}为近30 d相对湿润度指数。

干旱过程强度由过程平均CI值和过程持续时间两项指标综合确定。根据国家标准的规定，将干旱过程强度分为4级，分别为轻、中、重、特旱级别。规定如下：

(1)干旱过程平均CI值(Gi)＝干旱过程累积CI值(Li)/干旱过程持续时间(Dn)：

当$-1.00<Gi\leqslant -0.33$时，为轻旱，等级为1；

当$-1.50<Gi\leqslant -1.00$时，为中旱，等级为2；

当$-2.08<Gi\leqslant -1.50$时，为重旱，等级为3；

当$Gi\leqslant -2.08$时，为特旱，等级为4。

(2)干旱过程持续时间(Dn)：

当40 d$<Dn\leqslant$70 d，且(1)中干旱等级$<$2时，干旱等级加重1级；

当70 d$<Dn\leqslant$100 d，且(1)中干旱等级$<$3时，干旱等级加重1级；

当$Dn>$100 d，且(1)中干旱等级$<$4时，干旱等级加重1级。

5.1.1.3　台风风雨综合指数

台风对安徽省的影响主要是其过境或外围云系产生的强降水和大风危害。因此，致灾因子主要考虑台风过程降水和极大风速。台风降水分为过程累计降水量以及过程日最大降水量来考虑。过程累计降水量指以台风接近安徽省并出现降水为开始，到台风远离安徽省或在境内消失且降水结束期间的降水量。

台风降水造成的涝灾及山洪灾害主要是由于台风过程降水异常偏多、强度过大而引起的；台风过程大风灾害往往造成农作物倒伏、房屋受损。因此，用不同等级（强度）的降水量频率来反映致灾因子的台风过程强降水部分，用不同等级（强度）的过程极大风速频率来反映致灾因子的台风过程大风部分。

为量化研究每次台风过程强度，本书选用台风过程累计降水量、日最大降水以及过程极大风速资料，采用台风风雨综合指数来评价致灾因子的强度指标：

$$I = A \times x_1 + B \times x_2 + C \times x_3 \tag{5.2}$$

其中：x_1 为过程累计降水量值；x_2 为过程日最大降水量值；x_3 为过程极大风速值；A、B 和 C 为对应的权重系数，取等权重，即均为 1/3。

5.1.1.4　高温综合强度指数

高温灾害指的是气温达到某一温度时，动植物不能适应这种环境而产生的不良影响和损害，高温灾害的危害程度通常与气温高低和持续时间长短有密切联系。

本书首先定义一个高温综合强度指数（HTI）来对高温过程进行评价分级，其中高温过程是指日最高气温≥35℃的连续过程。该综合指数包括了高温过程的极端最高温度（ET）、平均最高温度（MT）和持续时间（LT），指标值通过上述三个过程指数的加权综合得到，权重的确定方法参考气象行业标准（QX/T 80—2007），以全省各站高温过程序列数据为基础，采用主成分分析法计算生成，具体流程如图 5.1 所示。

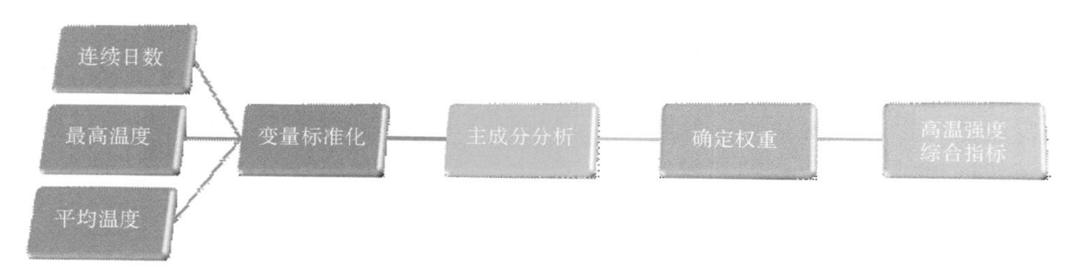

图 5.1　高温综合强度指数权重确定流程

主成分分析结果表明第一主成分的方差贡献率超过 90%，因此，我们认为该主分量能够较好地代表原始样本的变异特征。根据各个分指标在该主分量中的系数得到指标权重值如表 5.2 所示：

表 5.2　高温综合强度指数中各指标权重值

指标	连续日数（LT）	极端最高温度（ET）	平均最高温度（MT）
权重值	0.300	0.362	0.338

注：权重值对应的为标准化后的指标值。

根据上述各分指标权重，利用加权综合法得到安徽省高温过程综合强度指数（HTI）的计算公式为：

$$HTI = 0.300LT + 0.362ET + 0.338MT \tag{5.3}$$

利用公式（5.3）可以计算全省所有高温过程的综合强度指数值，并进行汇总排序，采用百分位数法确定高温过程强度的分级阈值（表 5.3）。

表 5.3　高温过程强度等级阈值

级别	阈值对应的百分位数	综合指标值
1	$x<50\%$	$HTI<-0.25$
2	$50\% \leqslant x<70\%$	$-0.25 \leqslant HTI<0.27$

续表

级别	阈值对应的百分位数	综合指标值
3	70%≤x<85%	0.27≤HTI<0.90
4	85%≤x<95%	0.90≤HTI<1.82
5	x≥95%	HTI≥1.82

5.1.1.5 低温综合强度指数

致灾因子危险性表示引起低温冷冻灾害的致灾因子强度及概率特征，是低温冷冻灾害产生的先决条件。一般情况下，低温强度与过程极端最低气温、平均气温、持续时间及气温降幅有关。极端最低气温及平均气温越低，持续时间越长，气温降幅越大，低温危害程度越重。因此，将这四个要素作为低温致灾因子。安徽省低温灾害类型主要有：倒春寒、小满寒、秋分寒及冻害。其中，倒春寒提取指标为过程持续时间≥3 d，日平均气温<10℃；小满寒提取指标为过程持续时间>3 d，日平均气温<20℃，且日最低气温<17℃；秋分寒提取指标为过程持续时间≥2 d，日平均气温<20℃；冻害提取指标为日平均气温<0℃。根据上述标准，提取全省各站低温过程的平均气温降幅、持续时间、过程最低温度和平均温度，将这四个要素作为低温致灾因子，并定义了一个危险度指数以反映每次低温过程的强度。该指数为过程极端最低气温、平均气温、持续时间及气温降幅的加权综合，其权重系数由主成分分析法确定，计算过程与高温综合强度指数的分析方法类似。然后对全省的危险度指数进行降序处理，采用百分位数法，将其划分为 5 个等级。

5.1.1.6 雷电综合强度指数

雷电强度越大，雷电面密度越高，风险越大。此外，雷暴日数越多，风险越大。综合考虑雷电强度、雷电面密度及雷暴日数三个方面因素得到雷电灾害致灾因子危险性分布，由于安徽省雷电强度仅有 4 年的资料，随机性较大，而雷电面密度及雷暴日数有近 50 年的资料，资料稳定性及可靠性较高，因此雷电面密度、雷暴日数及雷电强度三者的权重分别取 4∶4∶2，先将其归一化再加权综合，即：

$$\text{雷电综合强度指数} = \text{雷电面密度} \times 4 + \text{雷暴日数} \times 4 + \text{雷电强度} \times 2 \tag{5.4}$$

5.1.1.7 风雹指数

为了描述冰雹灾害的强度，人们通常将冰雹过程分为弱、中、稍强、强、特强五个等级。一般情况下，风雹致灾程度与冰雹直径(d)、降雹时间(h)和降雹时阵风(f)有关。为量化风雹致灾程度，本书定义一个风雹指数，该指数是由致灾的 3 个因子，即冰雹直径、降雹时间和降雹时阵风，根据它们的多年平均值进行无量纲化处理，然后换算成规范化指数，利用线性函数关系求出的灾害指数：

$$G = Id + Ih + If \tag{5.5}$$

其中：Id、Ih、If 分别表示冰雹直径、降雹时间和降雹时阵风无量纲值，具体为 $Id=d/25$，$Ih=h/15$，$If=f/17$。

最后参照灾害预警工程的方法利用风雹指数来划分风雹等级。

5.1.1.8　大雾等级划分

参照大雾预警信号标准及常用大雾描述方法，本书将大雾强度按照能见度划分为 4 级（表 5.4）：

表 5.4　大雾强度等级表

等级	程度	能见度 V(m)
1 级	特强浓雾	$V<50$
2 级	强浓雾	$50\leqslant V<200$
3 级	浓雾	$200\leqslant V<500$
4 级	大雾	$500\leqslant V<1000$

5.1.1.9　冻雨等级划分

根据《大气科学词典》定义，冻雨是指由过冷水滴与温度低于 0℃的物体碰撞立即冻结的降水。而雨凇是冻雨碰到地面物体后直接冻结而成的毛玻璃状或透明的坚硬冰层，外表光滑或略有隆突。由于冻雨直接导致了雨凇的形成，故对冻雨开展区划可作为冰冻灾害综合区划的参考。

按照《中华人民共和国气象行业标准：冻雨等级标准》（征求意见稿），对安徽省历史上出现的冻雨进行了等级划分，并计算了危险性指数，给出全省指数分布。

本书对全省各站建站至 2008 年 4 月的雨凇、雾凇天气现象进行了提取，其中出现雨凇、雾凇总的日数为 9615 d。《冻雨等级标准》规定：某一测站连续 3 d 或 3 d 以上出现冻雨时，可以有一天间断，间断后第二天又有冻雨出现，可视为一次连续的冻雨过程。据此提取出全省历史上冻雨过程个数为 4640 个。

《冻雨等级标准》中根据冻雨的持续时间，将冻雨划分为 4 个等级：

轻级冻雨（1 级）：1～3 d

中级冻雨（2 级）：4～6 d

重级冻雨（3 级）：7～11 d

特重级冻雨（4 级）：12 d 以上。

5.1.2　指标等级划分方法

5.1.2.1　百分位数法

一般采用百分位数法来确定不同极端气候事件指标的分级阈值。百分位数法是将一组数据从小到大（或从大到小）排序，并计算相应的累计百分位，则某一百分位所对应数据的值就称为这一百分位的百分位数。可表示为：一组 n 个观测值按数值大小排列，处于 $p\%$ 位置的值称为第 p 百分位数。计算步骤为：

第 1 步：以递增顺序排列 n 个原始数据（即从小到大排列）。

第 2 步：计算指数 $i=n\cdot p\%$。

第 3 步：①若 i 不是整数，将 i 向上取整，大于 i 的毗邻整数即为第 p 百分位数的位置；②若 i 是整数，则第 p 百分位数是第 i 项与第$(i+1)$项数据的平均值。

5.1.2.2 重现期等级分析方法

在冰冻灾害风险区划中对观冰站观测的和非观冰站推算的历年最大标准冰厚序列进行了重现期计算，并依据不同重现期等级进行了区划分析。重现期计算的方法如下。

(1)滑动最值平均

以重现期为 15 年为例，将资料按照年代顺序 15 年滑动挑选最大值，将获得的最大值求平均值，此平均值可认为是 15 年一遇的标准冰厚。同样资料长度足够长，可以计算重现期为 20 年、30 年……的标准冰厚。

(2)极值Ⅰ型分布(耿贝尔分布)

耿贝尔分布函数为：$F(x)=P(x\geqslant x_p)=e^{-e^{-\alpha(x_p-\beta)}}$，对系数 α,β，采用最小二乘法进行估计，令 $y_m=\alpha(x_m-\beta)$，分布函数式成为：$F(y_m)=e^{-e^{-y_m}}$。

将序列按升序(从小到大)排列，记为 $x_1,x_2,\cdots,x_m,\cdots,x_n$，序列小于 x_m 的经验频率(亦即经验分布函数)为：$P(x<x_m)=\dfrac{m}{n+1}$，根据分布函数的定义：$e^{-e^{-y_m}}=P(x<x_m)=\dfrac{m}{n+1}=-P(x\geqslant x_m)=-P$，式中 $p=P(x\geqslant x_m)$，解出 $y_m=-\ln\left(-\ln\dfrac{m}{n+1}\right)$。

y 的平均值：$\bar{y}=\dfrac{1}{n}\sum\limits_{m=1}^{n}y_m=\dfrac{1}{n}\sum\limits_{m=1}^{n}\left[-\ln\left(-\ln\dfrac{m}{n+1}\right)\right]$，$\bar{y}$ 仅由 n 决定。

y 的均方差：$S_y=\sqrt{\dfrac{1}{n}\sum\limits_{m=1}^{n}(y_m-\bar{y})^2}$，$S_y$ 也仅由 n 决定。

另一方面，利用均方差运算的定理，可得：$S_y=\alpha S_x$，S_x 是 x 的均方差。再运用平均值运算的定理，可得：$\bar{y}=\alpha(\bar{x}-\beta)$。

因此有：$\alpha=\dfrac{S_y}{S_x}$，$\beta=\bar{x}-\dfrac{\bar{y}}{\alpha}$。

当由实际记录算出 $\bar{x},S_x,\bar{y},S_y$，可解得 α、β。给定一系列 p，可算出相应的 y_p，且 $x_p=\beta+\dfrac{y_p}{\alpha}$。

也可以利用已经求解出来的 α,β 值，对给定概率 p 代入分布函数可以求出 x_p 的值，反过来对已知的标准冰厚 x_p 代入分布函数则可以确定该冰厚的出现概率 p，从而确定其重现期 $T=1/p$。

(3)极值Ⅱ型分布(柯西分布)

第Ⅱ型极值分布(柯西分布)的概率分布函数为：$F(x_p)=P(x<x_p)=e^{-\left(\frac{\beta}{x_p}\right)^{\alpha}}$，记 $p=P(x\geqslant x_p)-P(x<x_p)=-e^{-\left(\frac{\beta}{x_p}\right)^{\alpha}}$，$1-p=e^{-\left(\frac{\beta}{x_p}\right)^{\alpha}}$，$\alpha$ 反映 x 的离散度；β 接近平均值，代表 x 的水平，对上式取两次对数，得：$-\ln[-\ln(1-p)]=\alpha(\ln x_p-\ln_\beta)$，令 $y_p=-\ln[-\ln(1-p)]$，$b_0=-\alpha\ln\beta$，$b_1=\alpha$，$z=\ln x_p$。这样可以把上式看成一个简单的线性方程，即 $y=b_0+b_1z$。

利用最小二乘可以得到 $b_1=\dfrac{\sum\limits_j(z_j-\bar{z})(y_j-\bar{y})}{\sum\limits_j(z_j-\bar{z})^2}$，$b_0=\bar{y}-b_1\bar{z}$，从而有 $\alpha=b_1$，$\beta=e^{-\frac{b_0}{\alpha}}$。

（x_p 即为原始观测值，并从大到小排序，$y_m=-\ln\left[-\ln\left(-\frac{m}{n+1}\right)\right]$，$n$ 为观测样本数）

（4）拟合优度检验

各种“理论分布”对于一个经验分布拟合的好坏——拟合优度检验，要有一个客观检验的标准。

①柯尔莫葛洛夫检验步骤（以柯西分布为例）

第一，将样本升序排列，记为 x_m，$m=1,2,\cdots,n$。

第二，计算每个 x_m 的理论分布 $F(x_m)=1-p_m$，$m=1,2,\cdots,n$，即将 x_m 代入之前已经计算出 α，β 的分布中计算得到 p_m。

第三，计算经验频率 $F^*(x_m)=\frac{m}{n+1}$，$m=1,2,\cdots,n$。

第四，计算 $|F(x_m)-F^*(x_m)|$，挑出一个最大值 $d_{\max}$。

第五，给定 $\alpha=0.05$，计算 $d_{0.05}=\frac{\lambda_{0.05}}{\sqrt{n}}$，$\lambda_{0.05}=1.36$，为一确定临界值。

第六，若 $d_{\max}<d_\alpha$，认为 $F^*(x_m)$ 与 $F(x_m)$ 无显著性差异，即理论分布与经验分布拟合得很好，反之，拒绝原假设，认为拟合没有通过检验。

②ω 检验（这个检验适合小样本，检验比较严格）

对于某种分布 $F(x_m)$ 的拟合优度可用 $\omega^2=\frac{1}{n}\sum_{m=1}^{1}|F(x_m)-F^*(x_m)|$ 去衡量。ω^2 越小，表明他们越接近，其中 $\omega^2=\frac{1}{n}\sum_{m=1}^{1}\left[F(x_m)-\frac{2m-1}{2(n+1)}\right]^2+\frac{n+4}{12(n+1)^3}$，$\omega^2$ 的数学期望 $E(\omega^2)=\frac{n+2}{6(n+1)^2}$，这个参数由 n 来确定。如果 $\omega^2<E(\omega^2)$，则可以推断拟合良好。

5.1.3　危险度的定量评估

危险度的定量化评估需要考虑两方面：一是确定灾害危险性致灾因子；二是各因子权重的确定。在此基础上，采用加权综合法完成对灾害危险度的定量化评估。目前，专家打分法和主成分分析法是确定致灾因子权重的较为常见的两种方法。

5.1.3.1　专家打分法

专家打分法也称为德尔菲法（Delphi），是指通过匿名方式征询有关专家的意见，对专家意见进行统计、处理、分析和归纳，客观地综合多数专家经验与主观判断，对大量难以采用技术方法进行定量分析的因素作出合理估算，经过多轮意见征询、反馈和调整后，来确定各因子的权重系数。该方法确定的权重系数能较好地反映出实际情况下各致灾因子在灾害形成过程的作用，但存在一定的主观因素。

5.1.3.2　主成分分析法

主成分分析也称主分量分析，旨在利用降维的思想，把多指标转化为少数几个综合指标。在灾害风险研究中，为了全面、系统地分析问题，我们必须考虑众多影响因素。因为每个变量都在不同程度上反映了所研究问题的某些信息，并且指标之间彼此有一定的相关性，因而所得的统计数据反映的信息在一定程度上有重叠。在用统计方法研究多变量问题时，变量太多会增加计算量和增加分析问题的复杂性。主成分分析法是一种数学变换的方法，它把给定的一组相关变量通过线性变换转成另一组不相关的变量，这些新的变量按照方差依次递减的顺序排列。在数学变换中保持变量的总方差不变，使第一变量具有最大的方差，称为第一主成分，第二变量的方差次大，并且和第一变量不相关，称为第二主成分。依次类推，I 个变量就有 I 个主成分。

5.1.3.3 加权综合法

加权综合法是综合考虑各致灾因子对总体对象(因子)的影响程度，把各个具体指标的作用大小综合起来，用一个数量化指标加以集中表示整个评价对象的影响程度，然后再对这个指标按大小进行等级划分，从而完成危险度的定量化评估。

5.2 孕灾环境评估方法

5.2.1 孕灾环境因子识别

孕灾环境是酝酿自然灾害的环境系统，一般包括大气环境、水文气象环境以及下垫面环境等。孕灾环境稳定度或者敏感度，即环境的动态变化程度，将影响灾害的强度及频度。气象灾害的频繁发生，损失与年俱增，除了全球气候异常外，还与生态环境的稳定度及破坏有着重要的关系，如 1998 年中国长江中下游特大洪水灾害的发生，与流域森林砍伐、围湖造田、坡地开垦、水土流失等造成的生态环境变化有密切关系。事实上，对于小范围局部地区来说，其气象灾害风险空间分布特征主要是受下垫面环境的影响，而不是大气环境和水文气象环境。一般而言，地形地貌、河流网络、地表覆盖、土壤等环境要素会对气象灾害的孕育产生影响。对于不同的气象灾害，受下垫面环境的影响各不相同。本书针对不同灾害发生发展的特点，并结合相关分析等统计方法，确定下列要素来作为气象灾害孕灾环境的评价因子(表 5.5)。

表 5.5 气象灾害的孕灾环境因子

气象灾害类型	孕灾环境因子
暴雨洪涝	高程、河网密度、河流缓冲区
干旱	高程、河网密度、河流缓冲区
台风	高程、河网密度、河流缓冲区
高温	高程、土地利用类型、河网密度、河流缓冲区
低温	高程、土地利用类型
雷电	高程、地形标准差、河网密度、河流缓冲区以及土壤电导率
风雹	高程
大雾	—
冰冻	—

5.2.2　空间分析技术

对不同的孕灾环境评价因子，需要结合空间分析技术来进行量化，主要包括：邻域分析、聚类分析、缓冲区分析和密度分析等方法，分析数据以DEM、水系分布、土地利用类型等资料为基础(表5.6)。

表5.6　孕灾环境因子的空间分析方法

孕灾环境因子	空间分析方法	数据基础
高程	聚类分析	1∶50000安徽省DEM
地形起伏	邻域分析	1∶50000安徽省DEM
土地利用类型	聚类分析	10″×10″安徽省土地覆盖类型数据
河流缓冲区	缓冲区分析	1∶50000安徽省河网水系
河网密度	密度分析	1∶50000安徽省河网水系

5.2.2.1　聚类分析

在识别高程和土地利用类型的影响时，需要根据输入数据对原始数据进行重新分类赋值，本书采用ArcGIS中的重分类工具(Resample)对数据进行聚类分析。其原理根据原始栅格的数据分布及其对气象灾害的作用，对栅格值进行重新分类赋值，算法示意如图5.2。

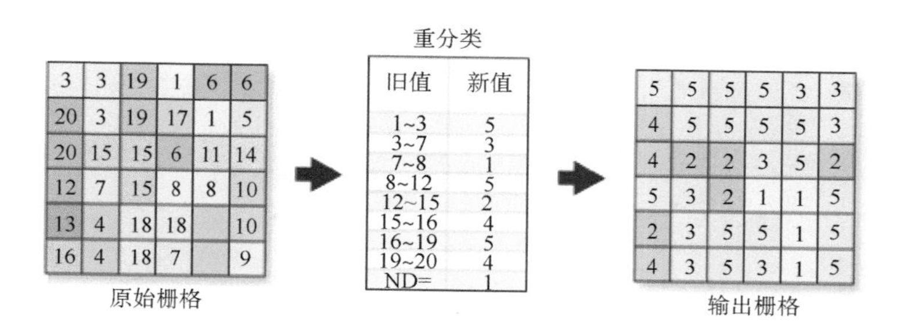

图5.2　聚类分析算法示意

5.2.2.2　邻域分析

地形起伏主要是考虑了地形标准差的分级。地形标准差是在ArcGIS中对DEM作邻域分析，求出以目标格点为中心的边长为10个栅格的正方形范围内所有栅格点高层的标准差；之后以样本量等分的方法进行分级，将地形标准差分为三级。邻域分析的算法如图5.3所示，在执行过程中此算法将访问栅格中的每个像元，并且根据识别出的邻域范围(黄色高亮部分)计算出指定的统计数据(本书统计值为标准差)。要计算统计数据的像元称为处理像元，处理像元的值以及所识别出的邻域中的所有像元值都将包含在邻域统计数据计算中。

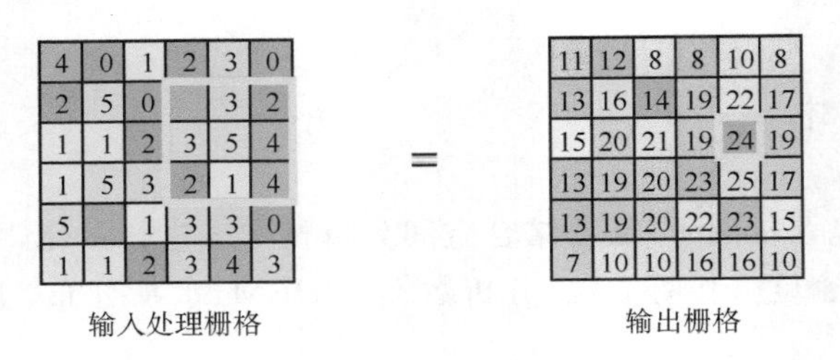

图 5.3　邻域分析算法示意

5.2.2.3　缓冲区分析

在分析河网水系的影响时，需要分析河流对周边地区的影响，并且根据距河流的远近来进行赋值，这需要应用缓冲区分析来完成计算。缓冲区是地理空间目标的一种影响范围，具体指在点、线、面实体的周围，自动建立的一定宽度的多边，数学表达为：$Bi=x:d(xi,Oi)\leqslant R$。本书以线为基础（即河网）来进行缓冲区分析，其算法示意如图 5.4 所示。

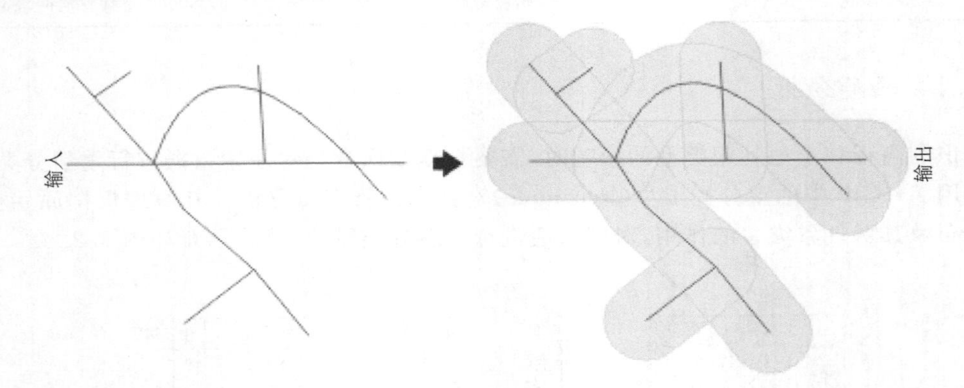

图 5.4　缓冲区分析算法示意

5.2.2.4　密度分析

在分析河网水系的影响时，除了考虑距河流的远近外，区域河网水系的密集程度也对部分气象灾害的孕灾环境有显著影响。本书采用了河网密度这一要素来反映水系密集度的影响。河网密度的生成是以安徽省 1∶50000 河网矢量文件为基础，利用 ArcGIS 中密度分析工具得到结果，其原理是以目标各点为中心，取半径为 5 km 的圆，计算该圆范围内所有河流的长度总和，然后除以圆面积，得到的值即为目标格点的值。最终仍然采用等分的方法将所有格点值进行分级。本书采用线密度分析算法，其算法如图 5.5 所示。

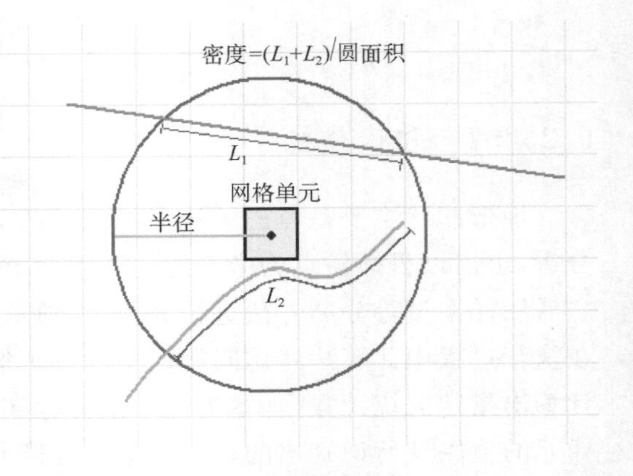

图 5.5　密度分析算法示意

5.3　承灾体与抗灾能力评估方法

本书针对不同的灾害类型及其受体的特点，分别选用 GDP、人口、耕地面积、城镇化率以及夏种作物面积和冬小麦、一季稻与油菜等面积来作为社会经济易损性指标，这 8 个要素均采用 2006—2008 年的分县统计值，所有值都采用地均值的概念，即以每个行政单元总统计值除以该单元的国土面积。在评估承灾体易损性之前，首先需要将上述 8 个指标进行空间化处理。我们采用了字段关联(Join)的方式将统计资料与 GIS 数据相融合，关联字段为县名，原理和操作方法如图 5.6 所示。

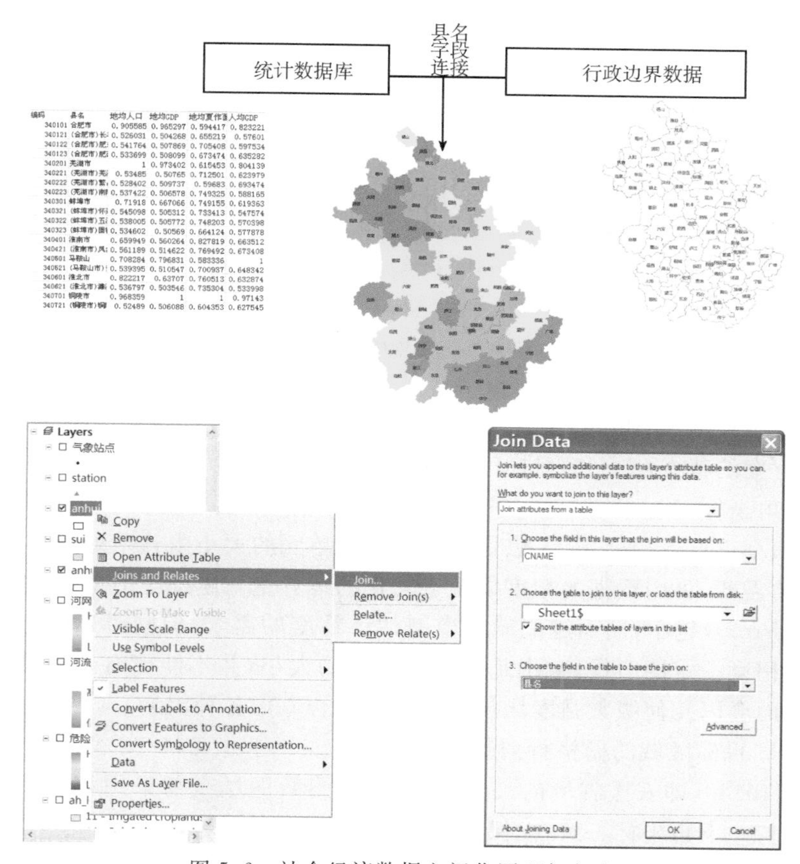

图 5.6　社会经济数据空间化原理与方法

5.4　综合风险评估方法

5.4.1　多种数据的空间匹配方案

目前常用的数据空间匹配和叠置方案主要分为两种，一种是采用不规则矢量多边形作为基本单元，如将土壤类型图与行政边界图进行空间叠加生成的二级图斑（或直接使用行政单元）作为基本空间单元，对每一个基本单元，根据单元面积权重等方式计算它的相应参数，但是这种方式叠加形成的不规则多边形不仅数量多，而且基本空间单元的变率也较大，有的图斑面积很小，有的却很大；并且不同的参数分布规律不同，比如气象数据与行政区划间就很难建立对应的关系，因此，这种情况不利于进一步的模型结果分析和空间分析。另一种空间划分方案是栅格单元划分法，这也是目前模型和 GIS 结合较多采用的方式，即通过所建立的矢量数据库和属性数据库做栅格化处理，对各个因子产生栅格文件，一个栅格文件就是一个因子层，然后将不同的因子层代入模型中运算，得到最终结果。本项研究的空间划分方案即采用栅格方式，覆盖区域为安徽省全省范围。

由于空间化过程中需要考虑面积，空间数据投影坐标系统未采用通常的经纬度栅格方式，而是采用 Albers 等面积投影坐标，投影定义在 ArcGIS Workstation 中完成，投影参数为：

投影类型（Projection）：Albers 等面积圆锥投影（Albers Equal Area）

度量单位（Units）：米（meter）

大地椭球（Spheroid）：克拉索夫斯基椭球（Krasovsky）

第一标准纬线（1st standard parallel）：25°N

第二标准纬线（2nd standard parallel）：47°N

中央经线（Central meridian）：105°E

坐标原点纬度（Latitude of projection's origin）：0°N

横轴偏移量（False easting）：0 米（m）

纵轴偏移量（False northing）：0 米（m）

按照栅格方案的特点，本书的目标区域为一矩形区域，左下角坐标（X_{LL}，Y_{LL}）=（906691，3187943），右上角坐标（X_{RR}，Y_{RR}）=（1372691，3754943）。该矩形涵盖了整个研究区域。目标区域需要划成细小正方形栅格单元，以供计算需要。单元的大小由一系列因素决定，其中最主要的是研究目的需要、可用数据的精度以及空间化的运算量。越细小的单元，其不均匀性误差（Aggregation Errors）越小，因而越能满足模型估计精度的需求，但同时还受可用数据的精度的制约，当数据精度一定的时候，减小基本空间单元的大小，并不能更有效地降低基本单元的不均匀误差，反而会以几何级数强度增加计算量。综合考虑各种因素，本书采用的栅格大小定为 1 km×1 km。目标区域的栅格行列数为 466 行×567 列，共 264222 个基本空间单元，其中有效单元数为 140139（即安徽省境内）。所有的输入参数图层全部采用相同的投影坐标体系和栅格框架，保持左下角坐标一致，以保证各图层的每个栅格能够一一对应。

5.4.2　因子层的叠置综合

灾害风险是致灾因子危险性、孕灾环境敏感性、承灾体易损性和防灾减灾能力 4 个因子综合作用的结果。不同因子层还需要进行叠加运算才能得到综合风险结果，在进行运算前首先保证各因子层具有统一的投影坐标和栅格框架，以保证运算时各层间能够逐点对应。不同因子层的叠加计算在 ArcGIS 中空间分析模块的栅格计算器（Raster Calculator）中实现，计算原理如图 5.7 所示。

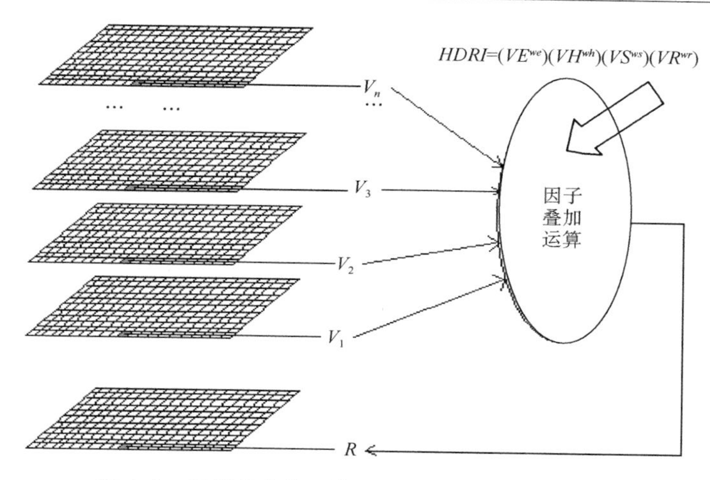

图 5.7　因子综合的运算原理和综合风险评估模型

5.4.3　分级与区划方法

所采用的区划分级方法为自然断点法(Jenks Natural Breaks Optimization)，其原理是根据数据序列本身的统计规律，按要求设定等级断点的个数，使得级内方差最小同时使不同等级间方差最大的一种最优化数据分组方法。危险性指数的分级同样在 ArcGIS 中实现(图 5.8)。

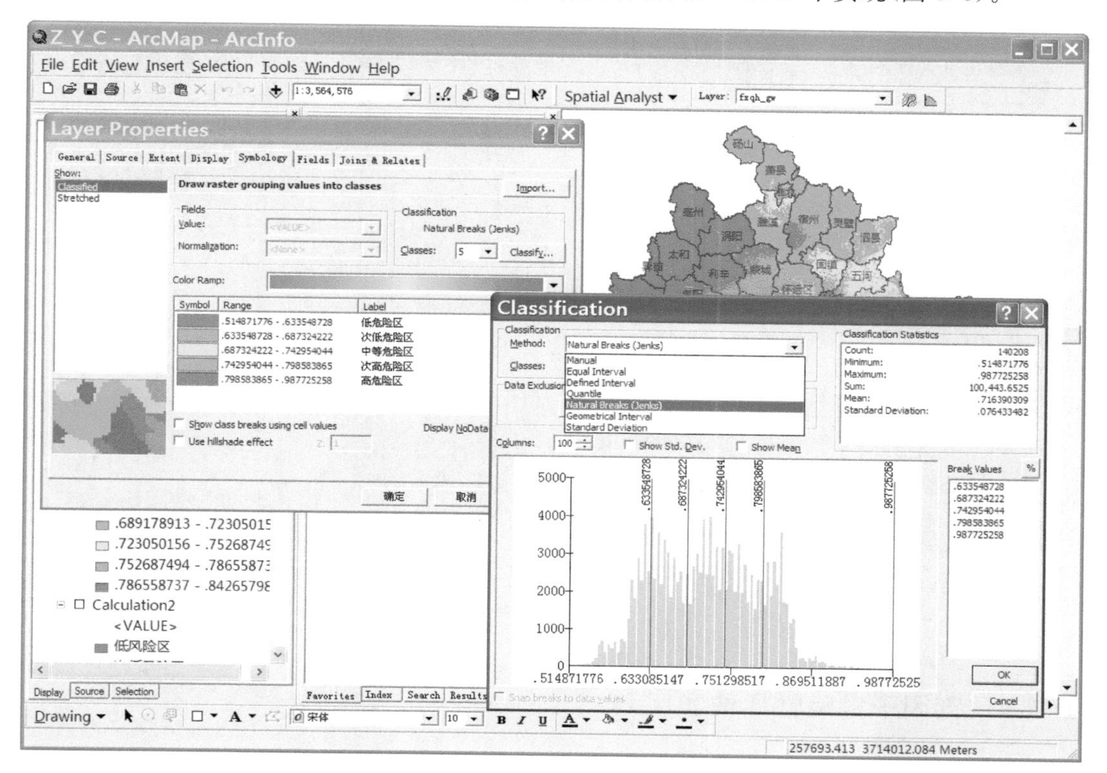

图 5.8　自然断点法分级区划的操作界面

第 6 章　安徽省主要气象灾害风险区划

6.1　暴雨洪涝灾害风险区划

6.1.1　技术路线

安徽省暴雨洪涝灾害风险区划技术路线如图 6.1 所示。

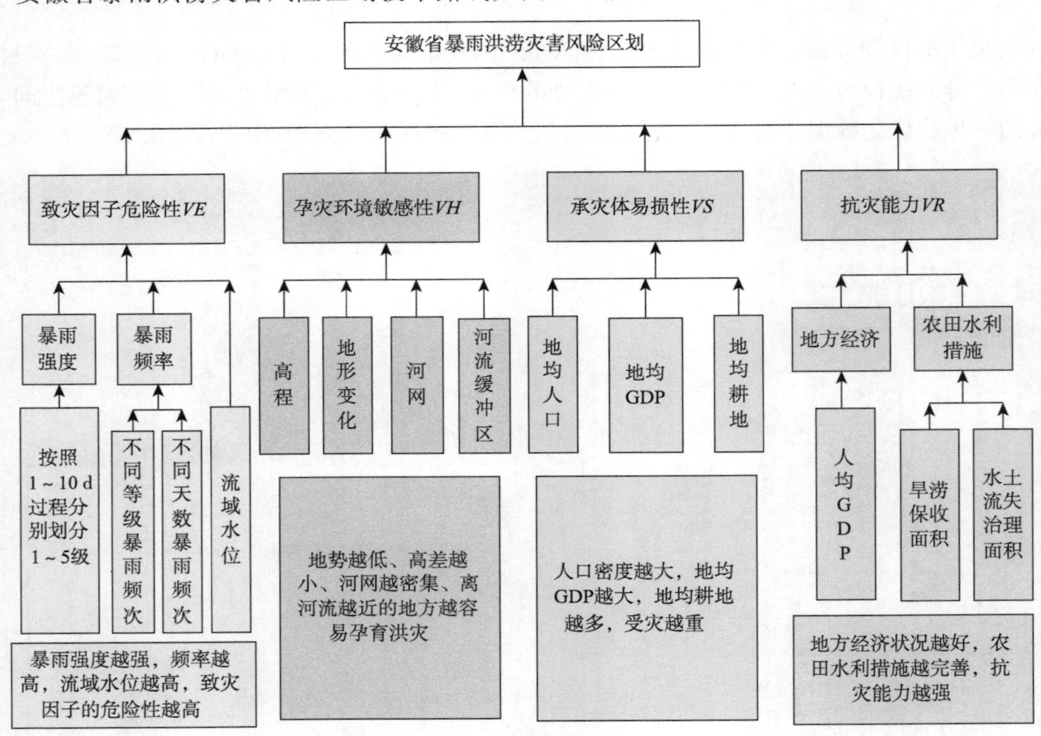

图 6.1　安徽省暴雨洪涝灾害风险区划技术流程

6.1.2　致灾因子危险性评估和区划

对每个台站求出各强度降水的总次数，除以该站的观测年数得到暴雨频次。将各站的不同等级降水频次归一化后，从 5—1 级依次取权重系数为 5/15、4/15、3/15、2/15、1/15，采用式

(3.3),计算站点的暴雨危险性指数。

同时,考虑到淮河流域的脆弱性,水位是一个重要的致灾因子,故选取沿淮各地水文控制站,统计几十年来各站超警戒水位的频率,按照频率大小赋予不同影响值。将水位影响指数经归一化后按照:

$$致灾因子危险性 = 暴雨危险性指数 \times 0.7 + 水位影响指数 \times 0.3 \quad (6.1)$$

然后计算出各地致灾因子危险性指数,并利用 GIS 中自然断点分级法按致灾因子危险性指数大小将安徽省划分为高危险区、次高危险区、中等危险区、次低危险区及低危险区(图 6.2)。结果表明:皖南西南部和沿淮西部为致灾因子高危险区,大别山区南部、沿江西部和沿淮中东部为次高危险区,大别山区北部和江淮之间西南部为中等危险区,沿淮淮北、江淮之间东部及江南东部为次低危险区,江淮之间中部为低危险区。

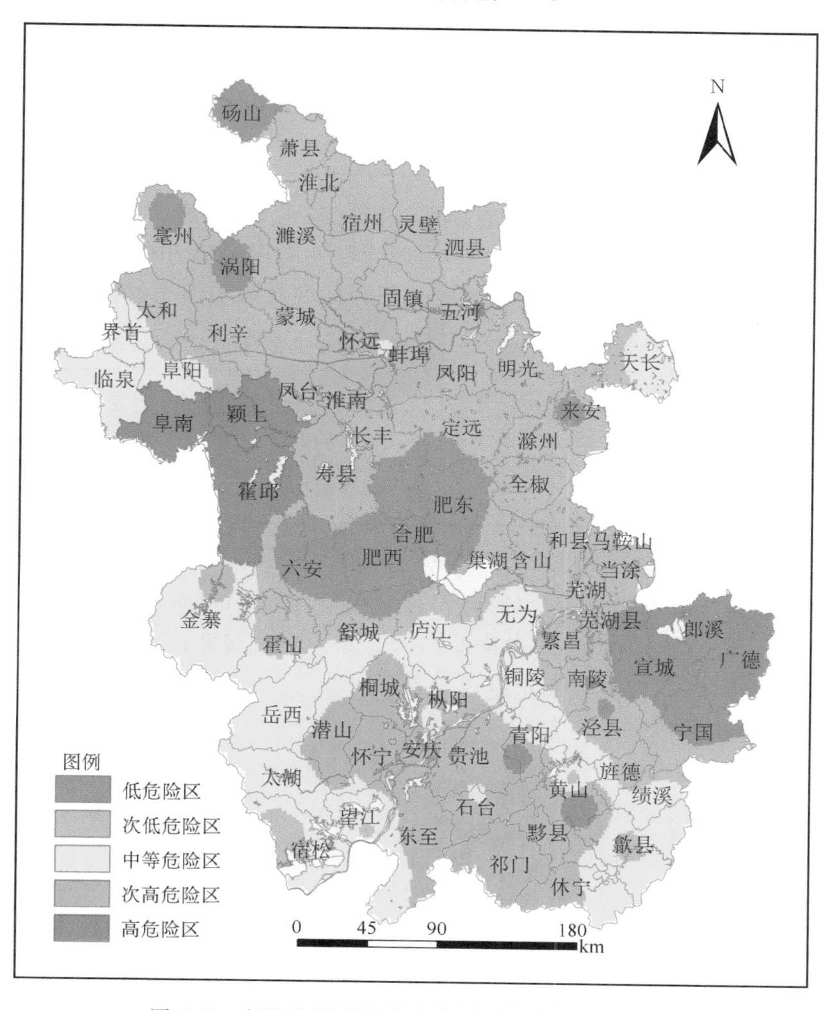

图 6.2　安徽省暴雨洪涝致灾因子危险性指数分布

6.1.3　孕灾环境敏感性评估与区划

孕灾环境主要考虑地形、水系等因子对洪涝灾害形成的综合影响。地形主要包括高程和地形变化。地势越低、地形变化越小的平坦地区不利于洪水的排泄，容易形成涝灾。根据安徽实际，地形采用高程及高程标准差的不同组合赋值(表6.1)，高程越低、标准差越小，影响值越大，表示越有利于形成涝灾。

表 6.1　地形因子赋值表

地形高程(m)	高程标准差(m)		
	一级(≤1)	二级(1,10)	三级(≥10)
一级(≤100)	0.9	0.8	0.7
二级(100,300)	0.8	0.7	0.6
三级[300,700)	0.7	0.6	0.5
四级(≥700)	0.6	0.5	0.4

水系主要考虑河网密度和距离水体的远近。河网越密集，距离河流、湖泊、大型水库等越近的地方遭受洪涝灾害的风险越大。离水体远近的影响则用GIS中的计算缓冲区功能实现，根据安徽省实际情况，表6.2给出了缓冲区等级划分标准及影响因子值。

表 6.2　河流缓冲区等级和宽度的划分标准

缓冲区宽度(km)			
一级河流		二级河流	
一级缓冲区	二级缓冲区	一级缓冲区	二级缓冲区
8	12	6	10

注：各级缓冲区对洪涝危险性的影响度：一级缓冲区为0.9，二级缓冲区为0.8，非缓冲区为0.5。

河网密度和缓冲区影响经归一化处理后，各取权重0.5，采用加权综合评价法，即：

$$水系影响指数 = 河网密度 \times 0.5 + 河流缓冲区 \times 0.5 \qquad (6.2)$$

求得水系影响指数，其值越大表示越容易遭受涝灾。

将地形、水系影响指数经归一化处理后，取地形权重为0.6，水系权重为0.4，采用加权综合评价法，即：

$$孕灾环境敏感性指数 = 地形影响指数 \times 0.6 + 水系影响指数 \times 0.4 \qquad (6.3)$$

计算得到各格点孕灾环境的敏感性指数。利用自然断点分级法划分为5个等级(高敏感区、次高敏感区、中敏感区、次低敏感区和低敏感区)，如图6.3所示。图6.3中，孕灾环境高敏感区主要位于沿江一带，次高敏感区主要位于沿淮淮北部分地区，中敏感区主要位于江淮之间中部及淮北北部，次低敏感区主要位于皖南南部、大别山区北部及江淮之间东部部分地区，低敏感区则主要分布大别山区南部及江南大部地区。

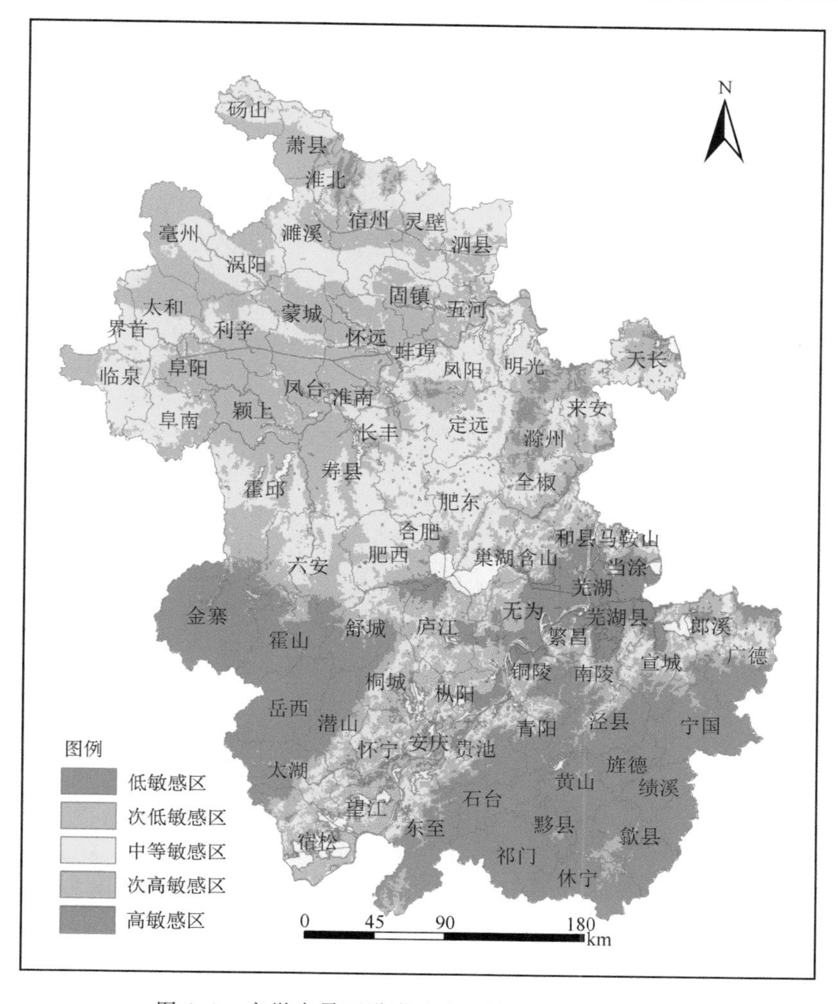

图 6.3　安徽省暴雨洪涝孕灾环境敏感性指数分布

6.1.4　承灾体易损性评估与区划

致灾因子的危险性仅反映了暴雨可能产生的危害大小，而实际造成危害的程度还与承灾体的情况有关。同等强度的暴雨，发生在人口密集、经济发达的地区造成的损失往往要比发生在人口稀少、经济相对落后的地区大得多。本书重点考虑社会（人口）、经济（GDP）和农业（耕地）等三个方面，选用地均人口、地均 GDP 和地均耕地来作为暴雨洪涝灾害的社会经济易损性指标。安徽人口高密度地区主要在城市和淮北西部，耕地比例也是淮北最高，尤以淮北西部为甚；皖南山区和大别山区的人口和耕地比例都是最低。地均 GDP 高值区基本上都在城市。

将上述数据归一化后，对人口密度、耕地比例、地均 GDP 分别取 0.4、0.4、0.2 的权重系数，采用加权综合评价法，由式(3.3)计算得到各市县的承灾体易损性指数(图 6.4)。图 6.4 中，高易损区主要位于城市和淮北西部，次高易损区主要位于淮北东部及西北部，中等易损区主要位于沿淮地区、淮北中东部及江淮之间部分地区，次低易损区主要位于安徽省中部大部分地区，低易损区则位于皖南山区和大别山区。

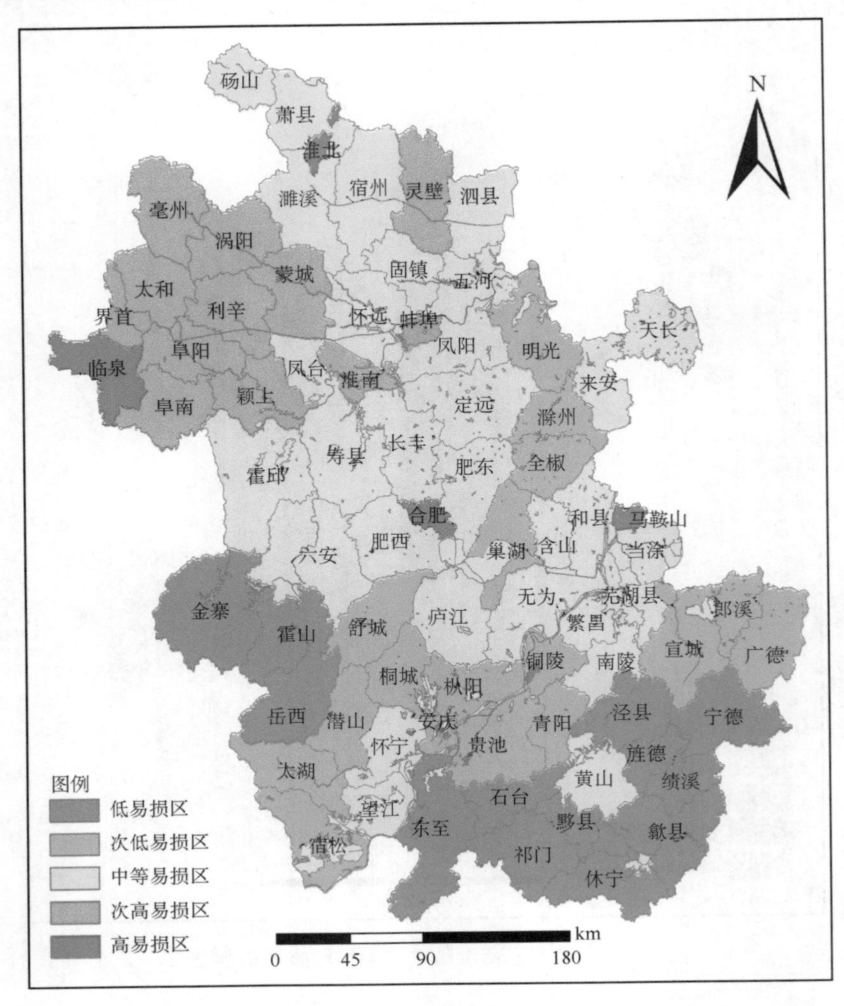

图 6.4 安徽省暴雨洪涝承灾体易损性指数分布

6.1.5 抗灾能力评估和区划

致灾因子、孕灾环境、承灾体的综合只能表明一个地方灾害的自然风险，抗灾能力的强弱也是风险评估不可或缺的。在抗灾能力分析中考虑了人均 GDP（或地方财政收入）和农田水利措施。人均 GDP 表示一个地区的经济发展水平，其值越大，表明该地经济发展水平越高，抗灾能力越强；反之亦然。GDP 高值区主要在城市，淮北中北部、沿淮西部及大别山区人均 GDP 最低。

农田水利措施中主要考虑了旱涝保收面积，将人均 GDP 和旱涝保收面积经归一化处理后，按照：

$$\text{抗灾能力指数} = \text{人均 GDP} \times 0.5 + \text{旱涝保收面积} \times 0.5 \tag{6.4}$$

计算得到抗灾能力指数（图 6.5）。图 6.5 中，江淮之间中部及沿淮淮北部分地区抗灾能

力较强，江南大部、大别山区、淮北西部及沿淮东部抗灾能力较弱，其他地区一般。

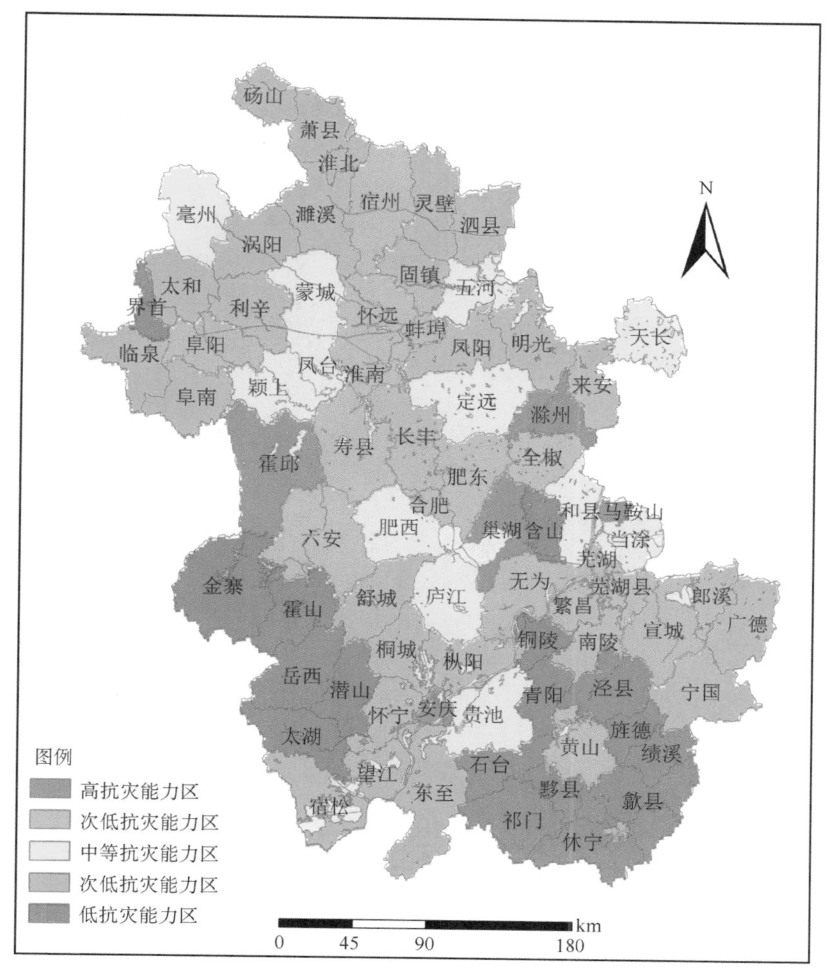

图 6.5　安徽省暴雨洪涝抗灾能力指数分布

6.1.6　暴雨洪涝灾害风险区划

暴雨洪涝灾害风险是致灾因子危险性、孕灾环境敏感性、承灾体易损性和防灾减灾能力 4 个因子综合作用的结果。经征求有关专家意见以及和历史灾情对比，最后取等权重的结果，根据式(3.4)来计算灾害风险指数，并采用自然断点分级法将全省划分为暴雨洪涝灾害高风险区、次高风险区、中等风险区、次低风险区和低风险区(图 6.6)。各区评述如下：

高风险区：主要位于沿淮和沿江部分地区，其中沿淮西部风险最高。这些区域致灾危险性较高，且位于长江、淮河干流区域，河网密布，孕灾环境非常敏感，人口密度大，承灾体易损性较高，抗灾能力普遍不强。综合来看，洪涝灾害风险最高。

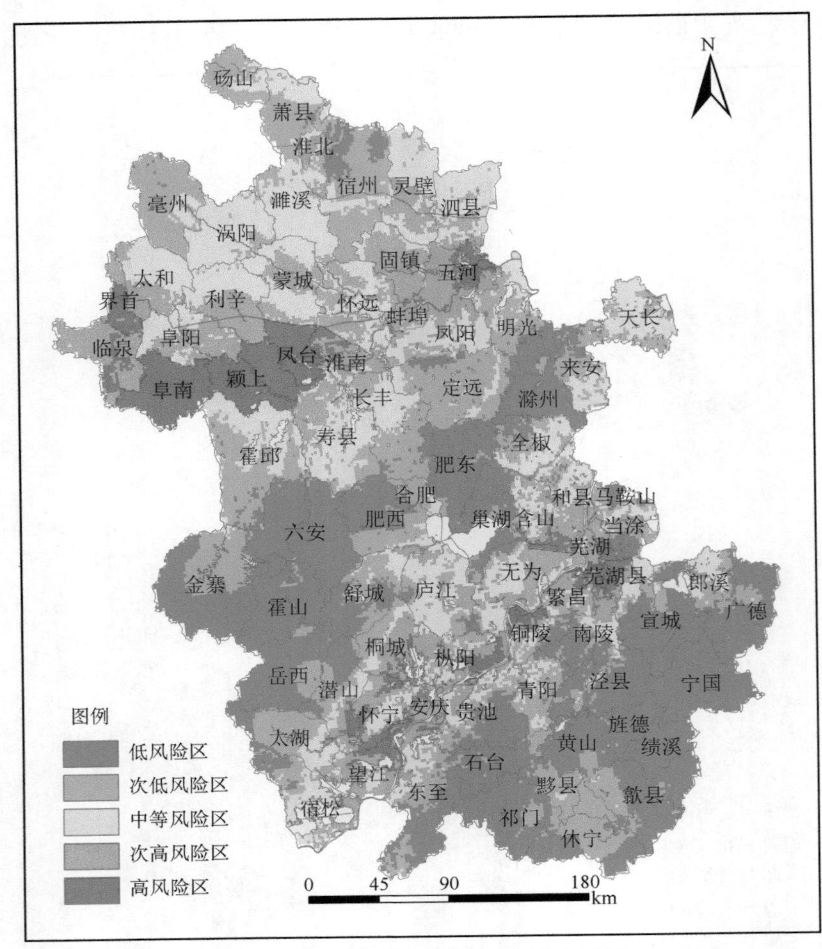

图 6.6　安徽省暴雨洪涝灾害风险区划

次高风险区：主要位于淮北南部和沿江部分地区。这些区域致灾危险性和抗灾能力一般，但孕灾环境比较敏感，承灾体易损性高，因此，洪涝灾害风险仍然较高。

中等风险区：主要位于淮北北部、江淮之间南部和北部地区。其中淮北北部致灾危险性较低，而江淮之间南部和北部地区致灾危险性较高，孕灾环境敏感性、承灾体易损性均为中等—较高，抗灾能力普遍不强，因此，洪涝灾害风险一般。

次低风险区：主要位于江淮之间中东部和江南部分地区。江淮之间中东部致灾危险性较低但江南较高，孕灾环境普遍不敏感，承灾体易损性较低，江淮之间中东部抗灾能力较强但江南较弱，故综合风险仍然较低。

低风险区：主要位于江南大部和大别山区。这些区域致灾危险性不等，孕灾环境不敏感，承灾体易损性低，因此，虽然抗灾能力较弱但洪涝灾害风险最低。然而，不可忽视的是，皖南山区和大别山区虽因地形作用不易发生涝灾，但暴雨极易引发山洪。因此，本书还对山洪区划开展尝试。

6.1.7　区划结果验证

收集整理了安徽省1984—2007年平均的洪涝灾情（地均受灾面积、地均受灾人口及地均直接经济损失)，相应地做出单因素承灾体的灾害风险区划，与灾情图进行对比(图 6.7)，结果表明，单因素风险区划结果与历史灾情总体对应较好，只有耕地比例图中，皖南山区和大别山区风险度与灾情对应不太好，这可能是因为山区耕地少、比例低的缘故。

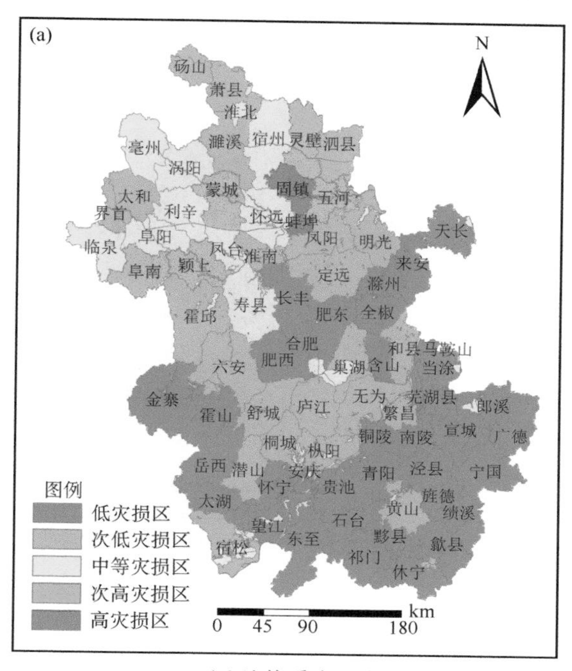

(a)地均受灾面积

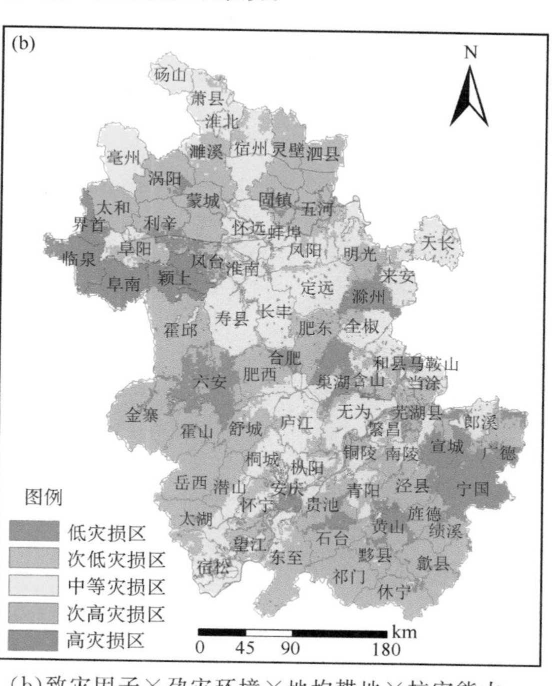

(b)致灾因子×孕灾环境×地均耕地×抗灾能力

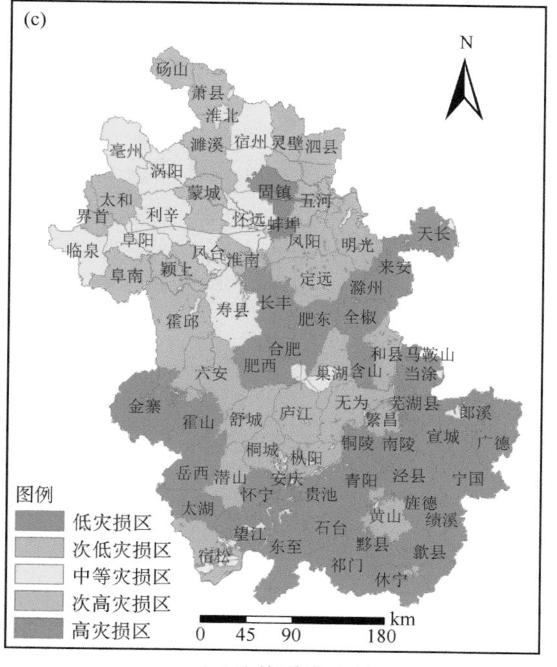

(c)地均受灾人口

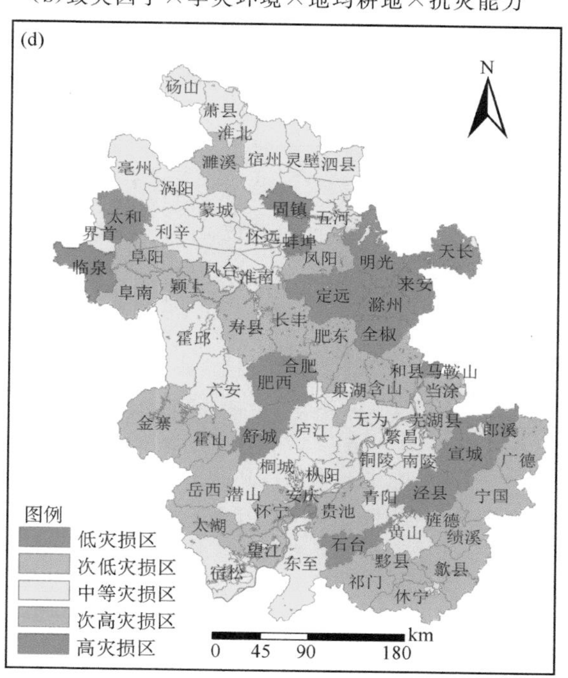

(d)致灾因子×孕灾环境×地均人口×抗灾能力

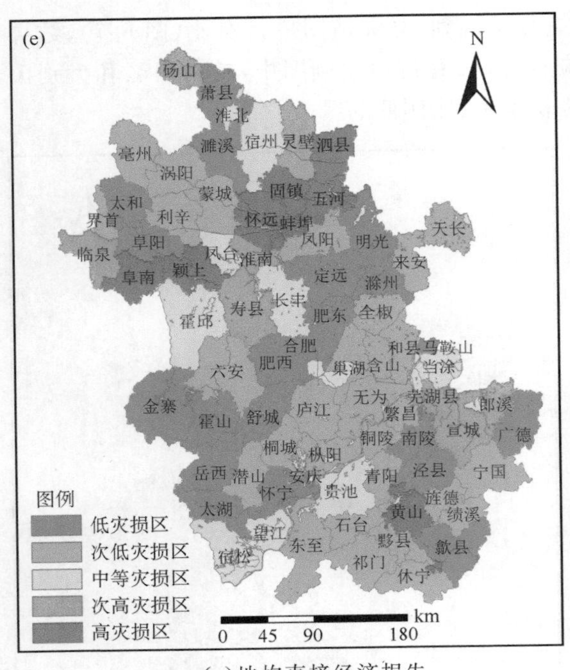

(e)地均直接经济损失

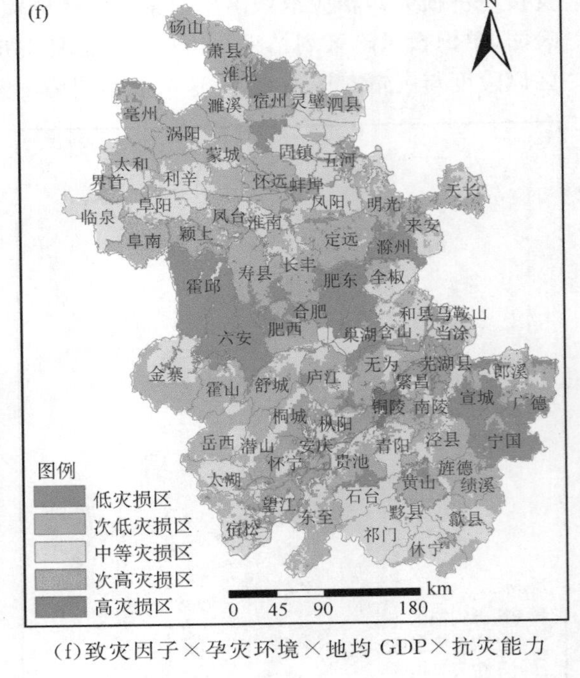

(f)致灾因子×孕灾环境×地均GDP×抗灾能力

图6.7　安徽省1984—2007年平均洪涝灾情

此外，通过查找典型大涝年洪水淹没区以及相关历史文献记录对区划图进行验证，结果也表明区划结果基本能反映历史洪涝特征。

6.1.8　安徽省暴雨山洪灾害风险区划

由于前面的工作主要是针对平原丘陵地区的涝灾，而山区因暴雨导致的山洪从孕灾环境方面来说与平原是不同的，故本书还开展了山洪灾害风险区划的尝试。其技术路线和流程与洪涝灾害风险区划并无二致。

6.1.8.1　致灾因子危险性评估与区划

与洪涝灾害暴雨危险性分析一致(仅考虑暴雨，不含水位)。

6.1.8.2　孕灾环境敏感性评估与区划

主要考虑地形作用，高程相对低但坡度(用高程标准差表示)大的地方，孕育山洪灾害的危险性越大。地形影响因子赋值如表6.3所示。

表6.3　山洪地形因子赋值表

地形高程(m)	高程标准差(m)		
	[0,1)	[1,10)	≥10
[0,500)	0.5	0.7	0.9
[500,1000)	0.4	0.6	0.8
≥1000	0.3	0.5	0.7

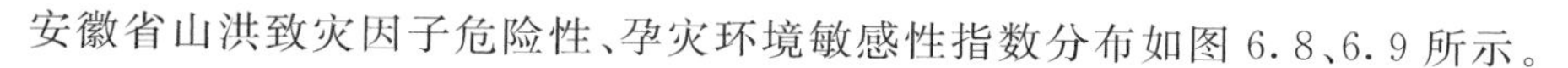

安徽省山洪致灾因子危险性、孕灾环境敏感性指数分布如图6.8、6.9所示。

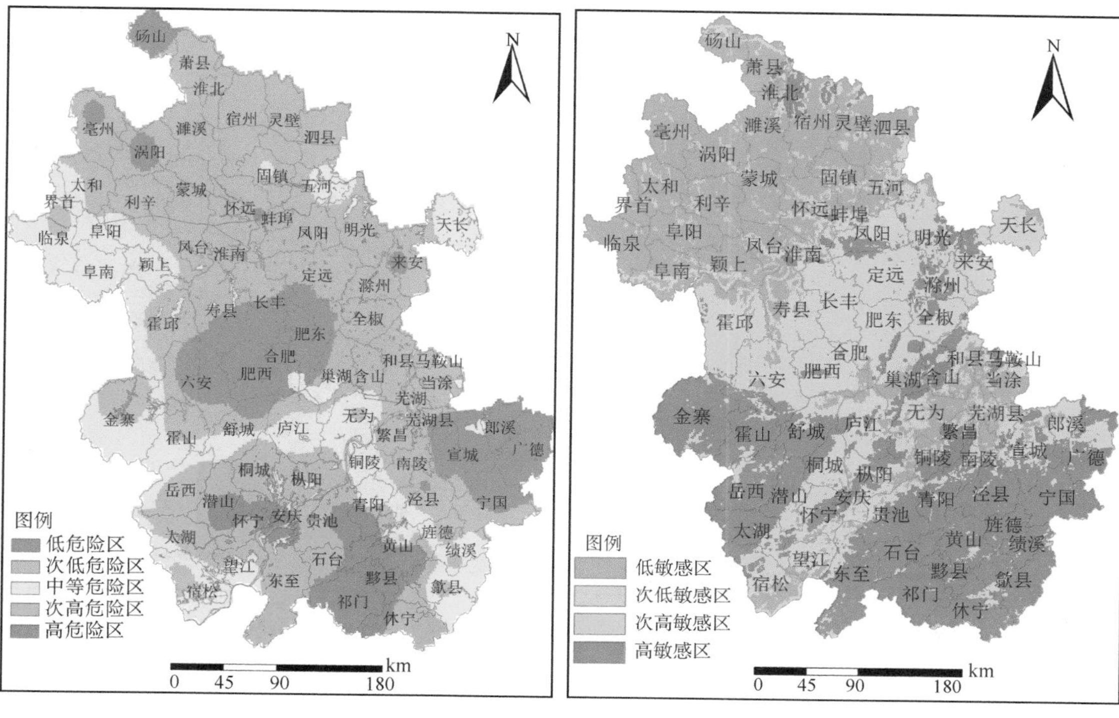

图6.8 安徽省山洪致灾因子危险性指数分布

图6.9 安徽省山洪孕灾环境敏感性指数分布

6.1.8.3 承灾体易损性评估与区划

与洪涝灾害承灾体易损性分析一致。安徽省山洪承灾体易损性指数分布如图6.10所示。

6.1.8.4 抗灾能力评估与区划

考虑人均GDP和水土流失治理面积,归一化后再等权综合。安徽省山洪灾害抗灾能力指数分布如图6.11所示。

6.1.8.5 山洪灾害风险区划

山洪灾害风险指数由式(3.4)取等权计算得出,并利用自然断点分级法划分山洪灾害不同等级风险区(图6.12)。图6.12中,山洪灾害高风险区主要在皖南山区和大别山区,在这些山地的四周,尤其是在皖南山区北部和沿江平原相邻的地区是山洪灾害高风险区。这和安徽省的实际情况基本一致。

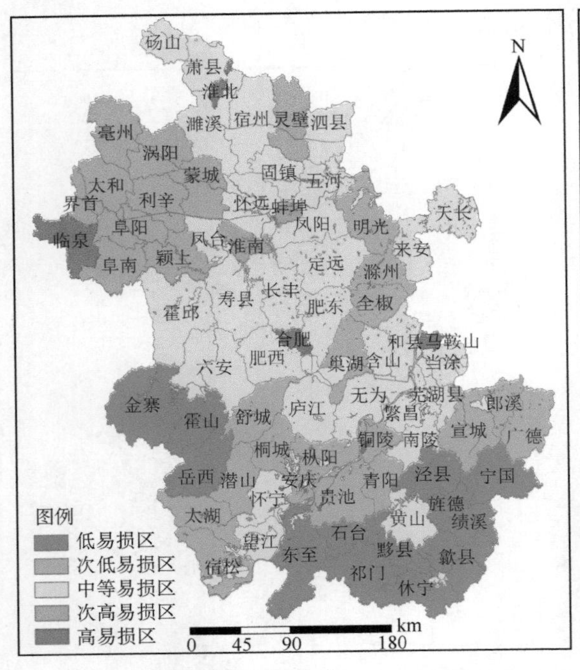

图 6.10 安徽省山洪承灾体易损性指数分布

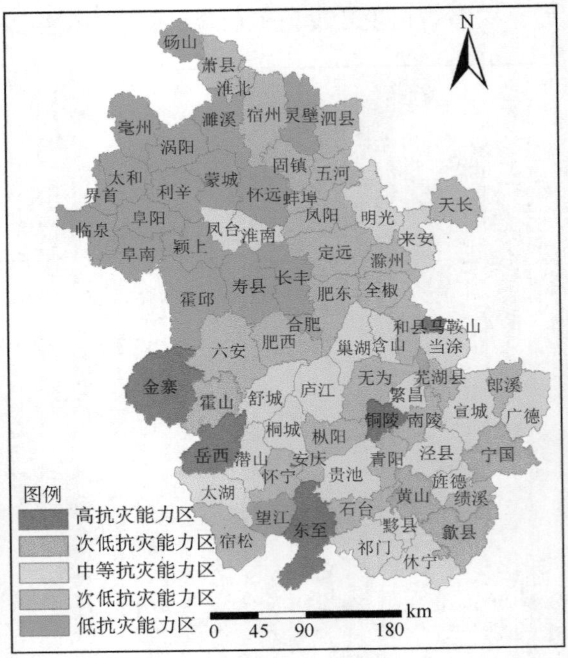

图 6.11 安徽省山洪灾害抗灾能力指数分布

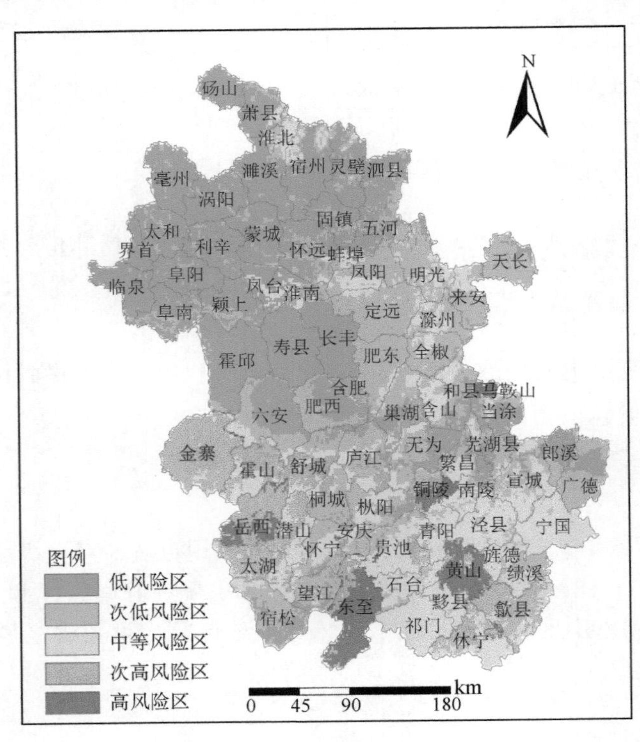

图 6.12 安徽省山洪灾害风险区划

6.2　干旱灾害风险区划

6.2.1　技术路线

安徽省干旱灾害风险区划技术路线如图 6.13 所示。

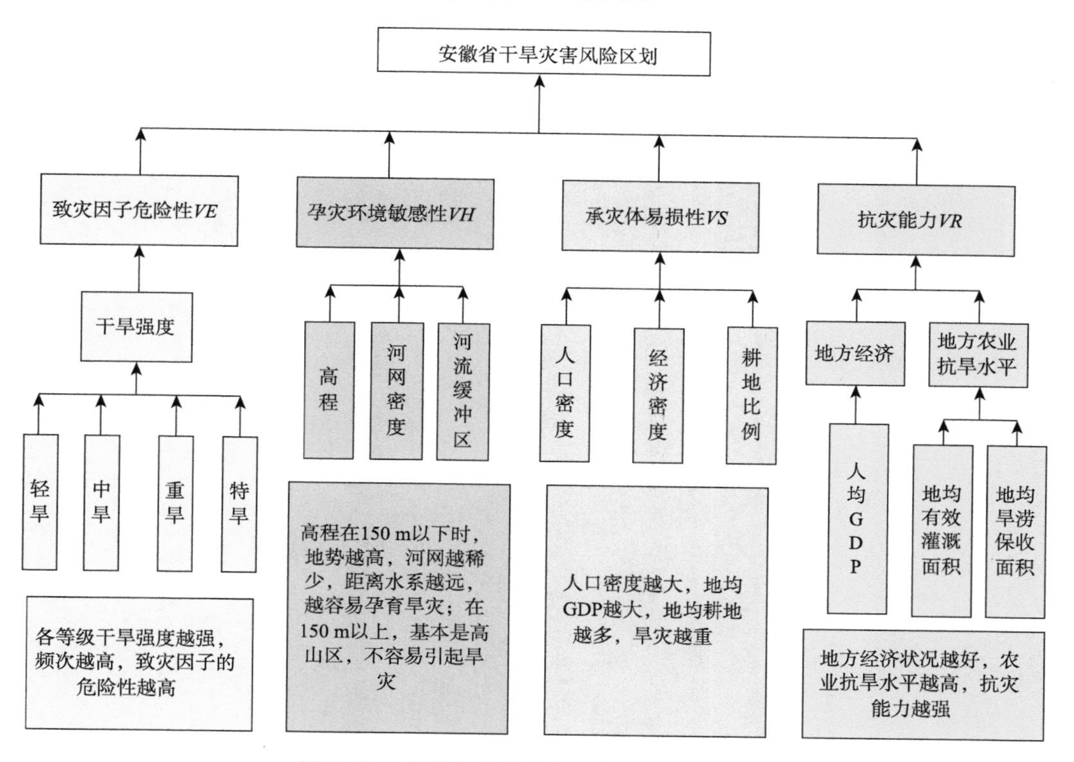

图 6.13　安徽省干旱灾害风险区划技术流程

6.2.2　致灾因子危险性评估与区划

采用干旱过程强度指数分别统计各站 1961—2009 年轻、中、重、特四个等级历年干旱过程，得到四个等级的致灾因子强度 M_1（轻旱）、M_2（中旱）、M_3（重旱）和 M_4（特旱）。

对某个观测站来说，标准化处理计算方法为：

$$M_i = 0.5 + 0.5 \times \frac{(\text{某站年均 } i \text{ 等级干旱过程次数} - \text{全省年均最少 } i \text{ 等级干旱过程次数})}{(\text{全省年均最多 } i \text{ 等级干旱过程次数} - \text{全省年均最少 } i \text{ 等级干旱过程次数})} \tag{6.5}$$

i 为某个干旱过程的干旱等级。

标准化后的致灾因子强度值在 0.5～1.0 变化，数值越大，强度越高。

设 Ch 为干旱综合致灾因子强度，其计算方法为：

$$Ch = 0.33 \times M_1 + 1.00 \times M_2 + 1.50 \times M_3 + 2.08 \times M_4 \tag{6.6}$$

式中，0.33、1.00、1.50、2.08 为权重系数。按照式(6.6)计算完后，采用标准化处理，得到干旱综合致灾因子强度。

从干旱综合致灾因子强度分布情况（图 6.14）看，淮北北部强度最高，标准化值达 0.9 以上，淮北中部其次，强度值为 0.85～0.9，沿淮及江淮之间东北部的强度值为 0.8～0.85，大别山区及沿江江南大部的强度值在 0.75 以下，为全省干旱强度最低的地方，其他地区强度值为 0.75～0.8。

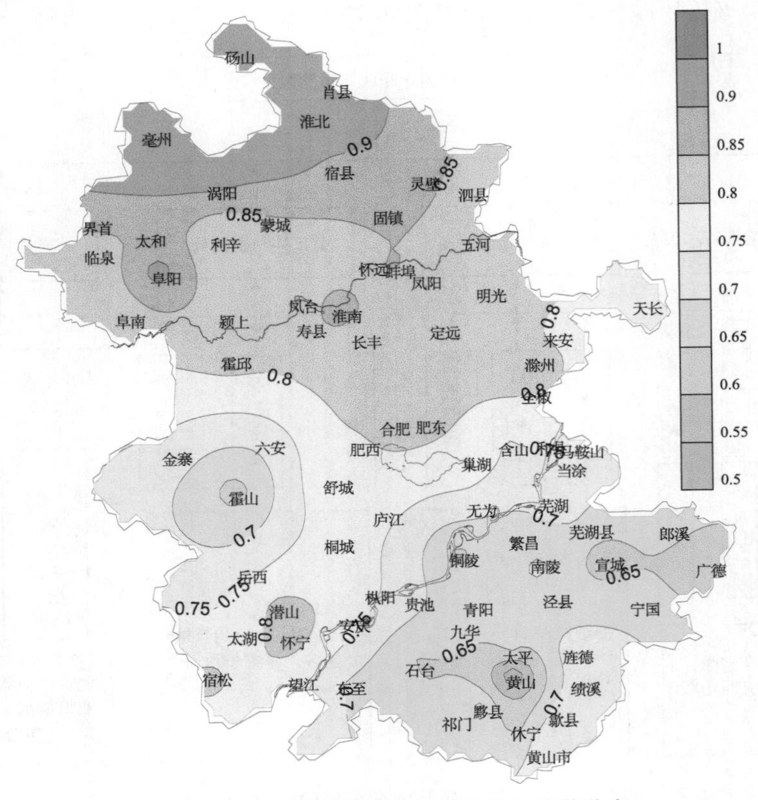

图 6.14 安徽省干旱致灾因子危险性指数分布

6.2.3 孕灾环境敏感性评估与区划

针对干旱灾害发生的特点，干旱灾害主要与地形起伏、河网密度、河流缓冲区等环境要素有关。

相关的研究和参考资料表明：岗地、丘陵等区域最容易发生旱灾，平原其次，高山区不容易孕育旱灾；河网稀疏的地方容易发生旱灾，距离水体越远的地方越容易发生旱灾。据此对高程、河网密度和河流缓冲区进行量化处理，高程在 150 m 以下时，地势越高，河网越稀少，距离水体越远，越容易孕育旱灾，高程在 150 m 以上时，基本都是高山区，不容易引起旱灾。

地形因子赋值表如表 6.4 所示，高程在[120,150)m 赋值 1.0，[90,120)m 赋值 0.9，[60,90)m 赋值 0.8，[30,60)m 赋值 0.7，[0,30)m 赋值 0.6，150 m 以上赋值 0.5。地形影响指数的高影响区位于江淮分水岭、两大山区边缘高岗地及淮北西北部，低影响区位于大别山区及皖南山区。

表 6.4　地形因子赋值表

高程(m)	[0,30)	[30,60)	[60,90)	[90,120)	[120,150)	≥150
指标值	0.6	0.7	0.8	0.9	1.0	0.5

水系对干旱灾害的影响显而易见，有水的地方或是距离水体较近的地方不容易发生干旱，通过分析河网密度和河流缓冲区来量化分析水系对干旱灾害的影响，河网越稀疏，距离河流、湖泊、大型水库等水体越远的地方越容易孕育旱灾，其遭受干旱灾害的风险越大。水系影响指数=(1—河网密度)×0.5+(1—河流缓冲区)×0.5，其值越大表示越容易发生干旱灾害。

将地形影响指数和水系影响指数归一化后，各取 0.5 的权重进行加权综合，即孕灾环境敏感性指数=地形影响指数×0.5+水系影响指数×0.5，计算得到各格点孕灾环境的敏感性指数值。利用自然断点分级法划分为 5 个等级(高敏感区、次高敏感区、中等敏感区、次低敏感区和低敏感区)，如图 6.15 所示。安徽省干旱灾害孕灾环境高敏感区位于江淮分水岭、大别山区和皖南山区的边缘高岗地，次高敏感区主要位于淮北西北部和江淮之间东北部，中等敏感区主要位于淮北东部、江淮之间北部，次低敏感区沿淮中西部、大别山区和皖南山区，低敏感区位于沿江东部河网较为密集的地区。

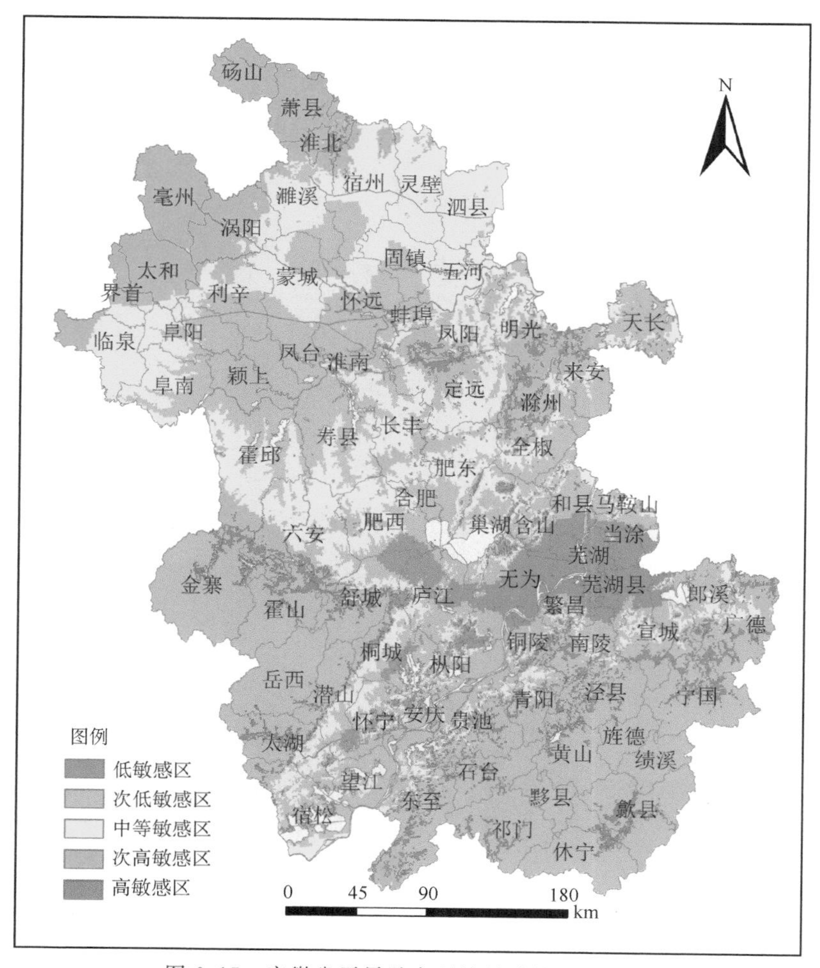

图 6.15　安徽省干旱孕灾环境敏感性指数分布

6.2.4 承灾体易损性评估与区划

干旱灾害承灾体易损性的评估重点考虑地方人口、经济和农业这三个方面，选用人口密度(地均人口)、经济密度(地均 GDP)、耕地比例来作为干旱灾害的承灾体易损性衡量指标，上述三个指标均以县级行政单元为基础进行统计，统计资料来自安徽省统计年鉴(2006—2008 年平均值)。其中，人口密度较高的地方主要集中在城市，淮北西部的阜阳、亳州地区人口也较为密集，皖南山区和大别山区人口密度相对较低；地方经济较好的地区也主要位于城市，山区的地均 GDP 相对较低；耕地比例较高的地区主要位于沿淮淮北，大别山区和皖南山区的耕地比例相对较低。

将上述三个指标进行归一化，再按照地均人口 0.3、地均 GDP0.3、耕地比例 0.4 的权重进行加权平均，即承灾体易损性指数＝地均人口×0.3＋地均 GDP×0.3＋耕地比例×0.4，计算得到各市县的承灾体易损性指数分布(图 6.16)。由图可见，安徽省干旱灾害高易损区主要位于淮北西北部及部分城市地区，次高易损区位于淮北中东部及沿淮中西部地区，中等易损区主要位于江淮之间北部，次低易损区主要位于江淮之间中南部及沿江地区，低易损区主要位于大别山区和皖南山区。

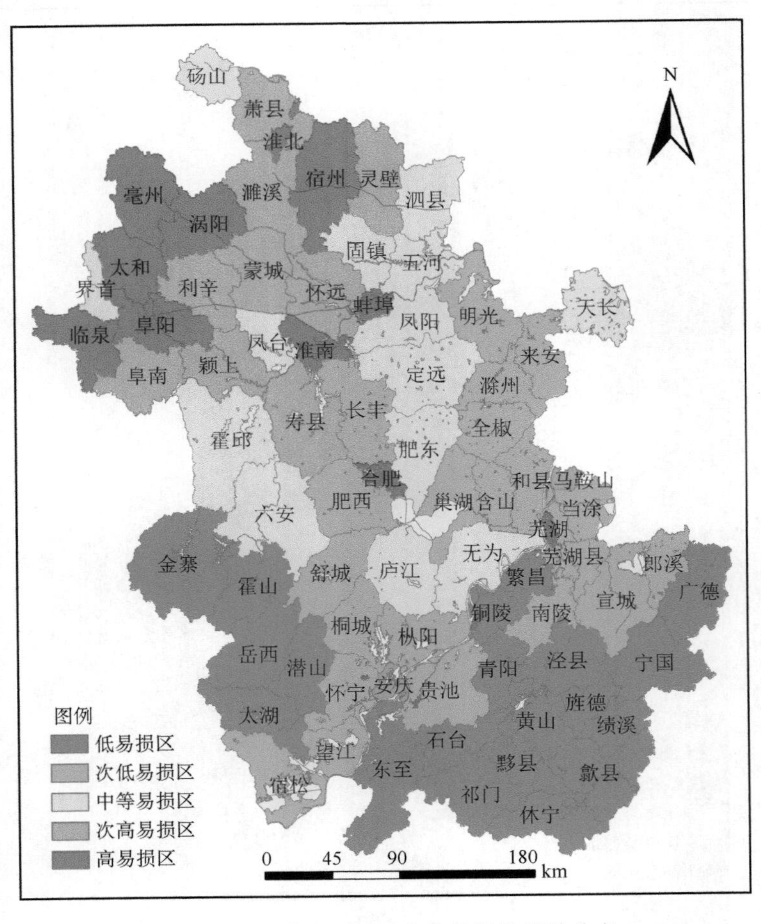

图 6.16 安徽省干旱承灾体易损性指数分布

6.2.5 抗灾能力评估与区划

以上各项指标是从干旱灾害的发生及影响的角度来评估灾害风险，然而灾害发生时人的主观能动性以及防灾减灾措施常常也是不可忽视的重要因素，致灾因子、孕灾环境、承灾体的综合只能表明一个地方灾害的自然风险，抗灾能力的强弱是灾害风险评估不可或缺的因子。在抗灾能力分析中本书主要考虑了人均GDP、地均有效灌溉面积、地均旱涝保收面积这三个方面的因素，人均GDP越大，地方经济水平越高，地均有效灌溉面积越大，地均旱涝保收面积越大，抵御干旱灾害的能力就越强，也即抗灾能力越强。安徽省人均GDP高值区位于城市，低值区位于沿淮淮北西部；地均有效灌溉面积高值区位于沿淮淮北及江淮之间中部，低值区位于大别山区和皖南山区；地均旱涝保收面积与地均有效灌溉面积分布类似。

将地均有效灌溉面积和地均旱涝保收面积归一化后相加，再与归一化的人均GDP进行加权平均，得到干旱灾害的抗灾能力指数，即抗灾能力指数=(地均有效灌溉面积+地均旱涝保收面积)×0.5+人均GDP×0.5，计算结果如图6.17所示。由图可见，高抗灾能力主要位于沿淮淮北及江淮之间东南部，低抗灾能力主要位于大别山区和皖南山区。

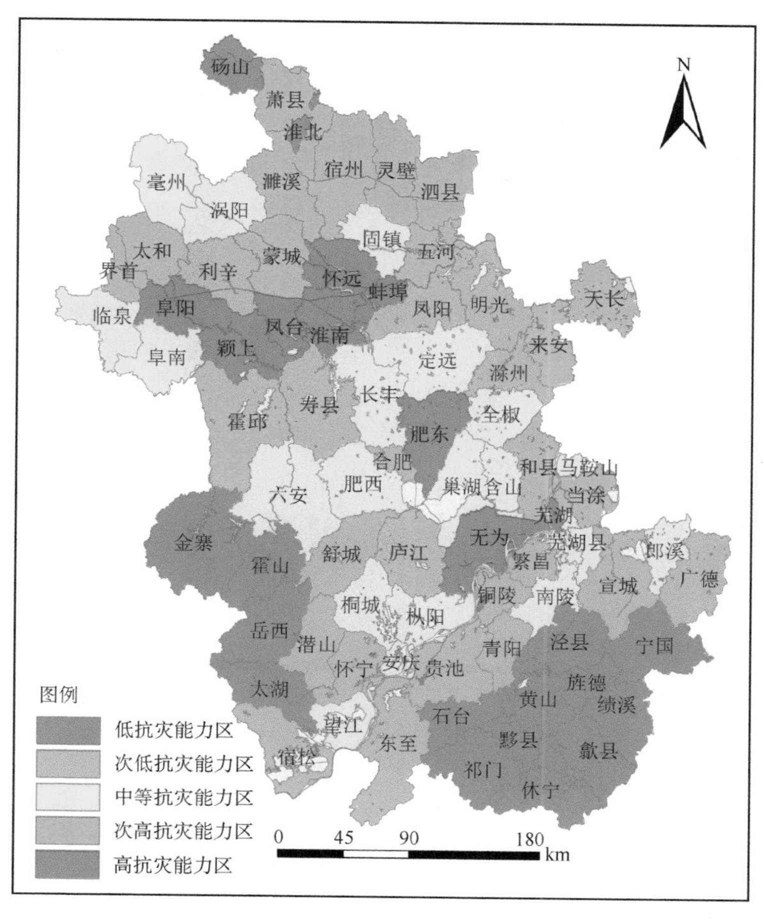

图6.17 安徽省干旱抗灾能力指数分布

6.2.6　干旱灾害风险区划

干旱灾害风险是致灾因子危险性、孕灾环境敏感性、承灾体易损性和抗灾能力 4 个因子综合作用的结果。分别给予各因子不同权重和各因子等权重，来计算灾害风险指数。经征求有关专家意见以及和历史灾情对比，最后取等权重的结果，即干旱灾害综合风险指数＝致灾因子×孕灾环境×承灾体×抗灾能力。利用自然断点分级法将全省划分为干旱灾害高风险区、次高风险区、中等风险区、次低风险区、低风险区（图 6.18）。

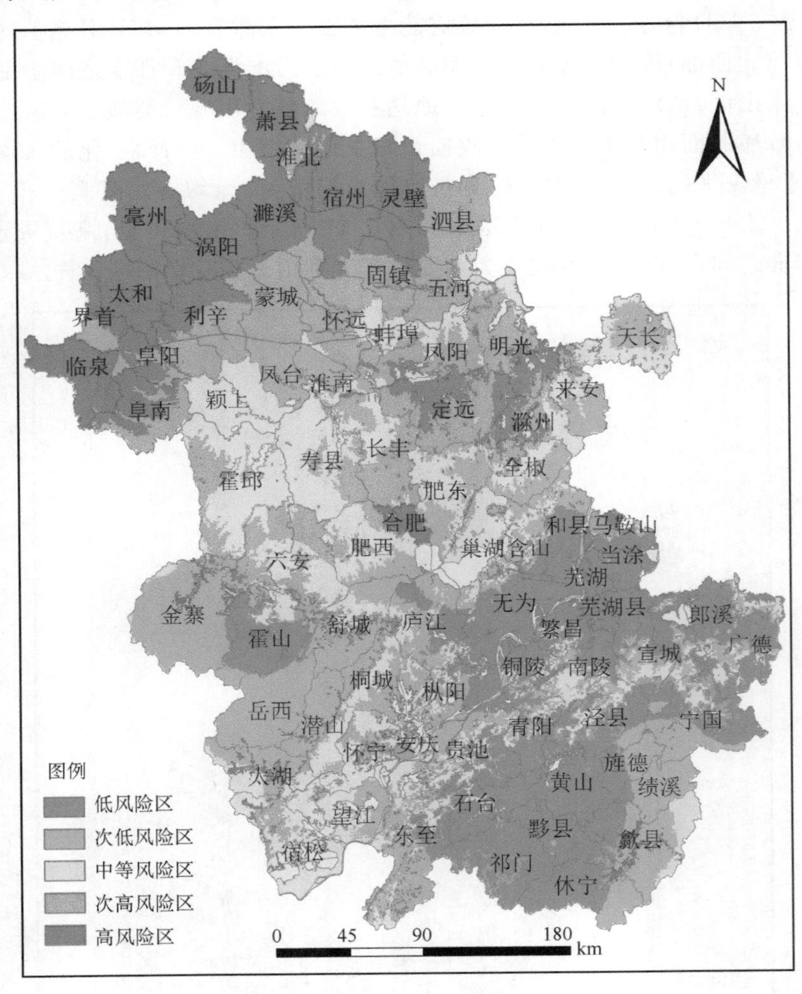

图 6.18　安徽省干旱灾害风险区划

各区评述如下：

高风险区：主要位于淮北西北部及东部、定凤嘉一带以及大别山区和皖南山区边缘。这些区域致灾因子危险性高，且河网稀疏，离水体较远，部分地区为容易发生旱灾的丘陵和高岗地，其孕灾环境为高敏感区，淮北西北部地均人口较多，耕地比例大，为旱灾的高易损区，此外这些区域的抗灾能力普遍不强。综合来看，干旱灾害风险为最高。

次高风险区：主要位于淮北南部、江淮之间东北部及江淮分水岭一带。这些区域致灾因子为次高危险区，孕灾环境大部为次高敏感区，易损性为次高易损区或中等易损区，抗灾能力中等偏强。总体来看，干旱灾害风险为次高。

中等风险区：主要位于沿淮西部、江淮之间西北部及沿江西部地区。这些区域致灾因子危险性中等偏强，河网密度一般，孕灾环境敏感性中等偏低，大部地区的易损性及抗灾能力中等。总体来看，干旱灾害风险为中等。

次低风险区：主要位于江淮之间西南部及中东部部分地区、大别山一带及皖南南部。这些区域致灾因子危险性较低，河网较多，孕灾环境敏感性较低，人口相对较少，经济和耕地比例一般，易损性较低，抗灾能力中等偏低。总体来看，干旱灾害风险为次低。

低风险区：主要位于沿江东部、江南东部及中西部地区。这些区域致灾因子危险性最低，河网较多，水系丰富，孕灾环境敏感性最低，人口一般或较少，耕地比例很小，易损性较低或最低，抗灾能力较低，因而干旱灾害风险为最低。

6.2.7　区划结果验证

为检验区划结果的优劣，需把区划结果与实际灾情作对比验证，为此收集整理了 1996—2009 年共 14 年全省各县每年的旱灾受灾人口、受灾面积、直接经济损失，相应地做出单因素承灾体的灾害风险区划，与灾情图进行对比（图 6.19）。结果表明，单因素风险区划结果与历史灾情总体对应较好，只有在部分城市效果较差，这主要是因为城市的地均人口和地均 GDP 比其他地区特别是山区要高出很多的缘故。

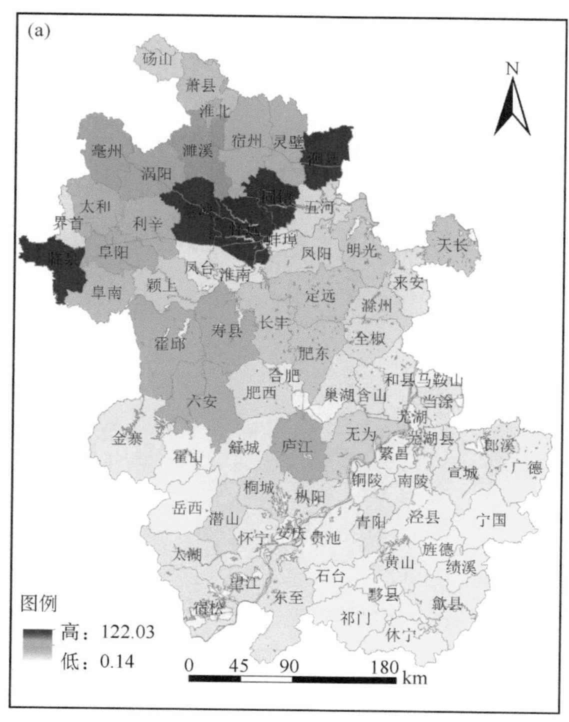

(a) 地均受灾面积

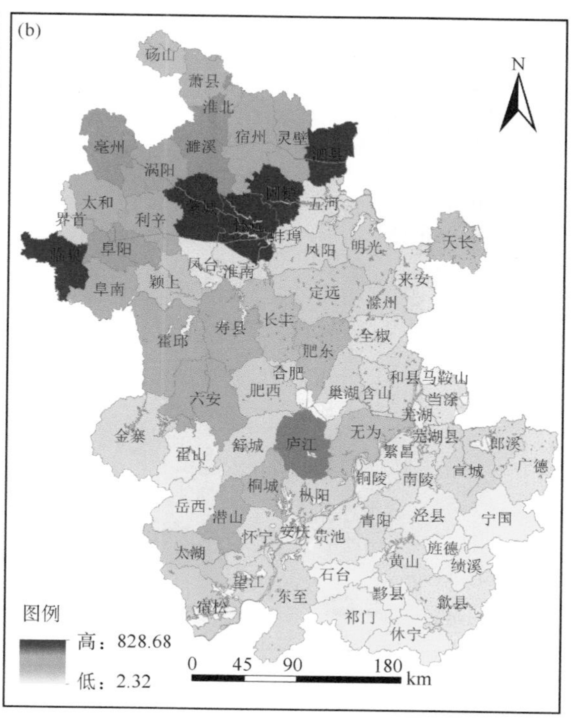

(b) 致灾因子 × 孕灾环境 × 地均耕地 × 抗灾能力

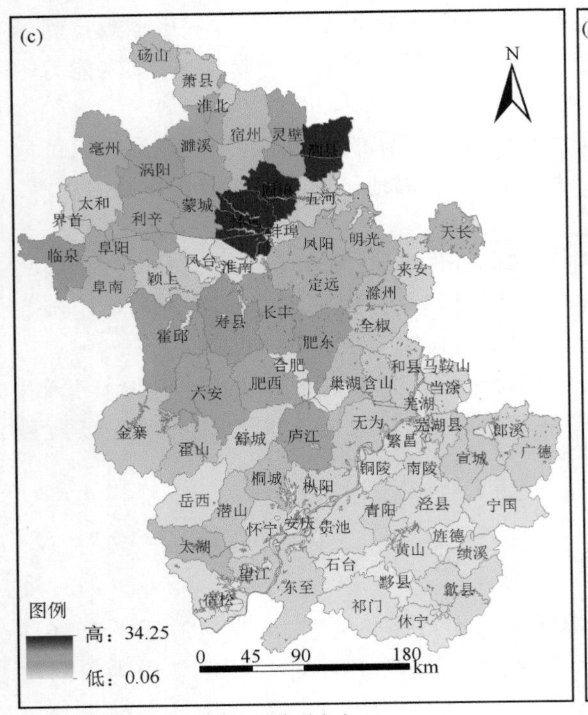

(c) 地均受灾人口

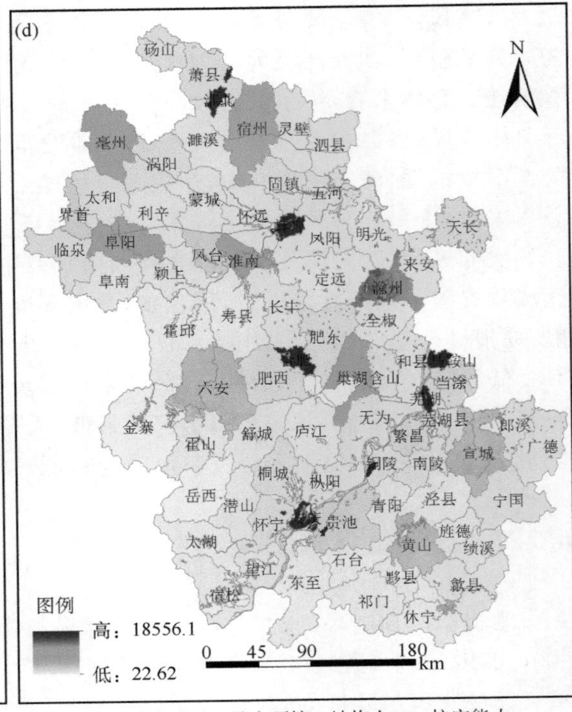

(d) 致灾因子 × 孕灾环境 × 地均人口 × 抗灾能力

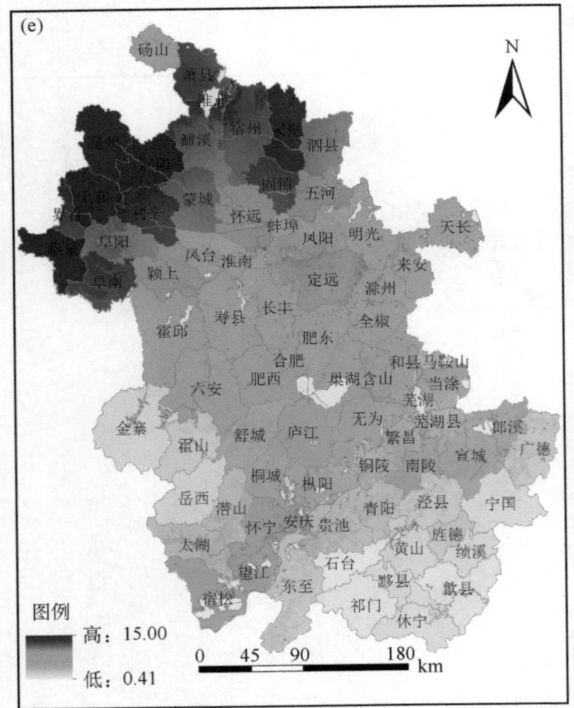

(e) 地均直接经济损失

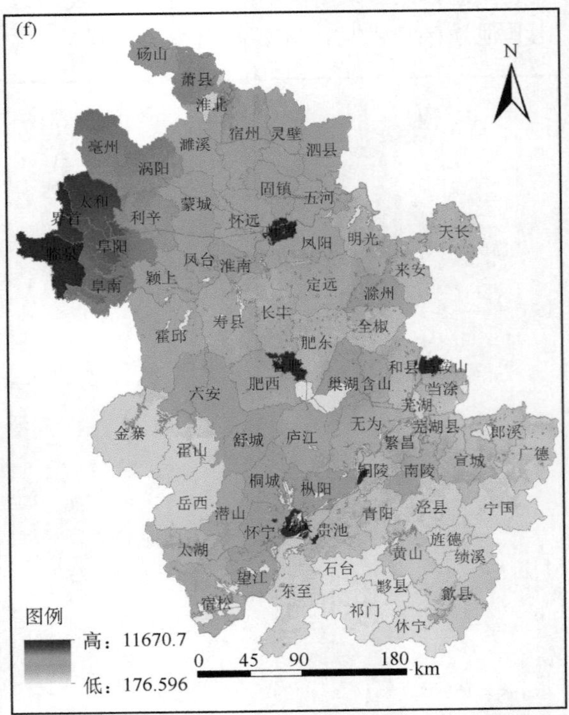

(f) 致灾因子 × 孕灾环境 × 地均GDP × 抗灾能力

图 6.19　干旱灾情与单因素承灾体的灾害风险对比图

此外，把各市县的旱灾地均直接经济损失与干旱区划风险值作散点相关分析（图 6.20 左），相关系数达 0.42，通过 99％的显著性检验，即历史干旱灾情与区划结果通过了极显著相关性检验。另外，提取安徽省各市县典型大旱年（1978、1988、1994、1997、2000、2001、2009 年）旱灾受灾面积与干旱风险区划指标值作散点相关分析（图 6.20 右），其相关系数达 0.60，表明其相关性更好。总而言之，历史干旱灾情与区划结果相关性很好，通过极显著性检验。

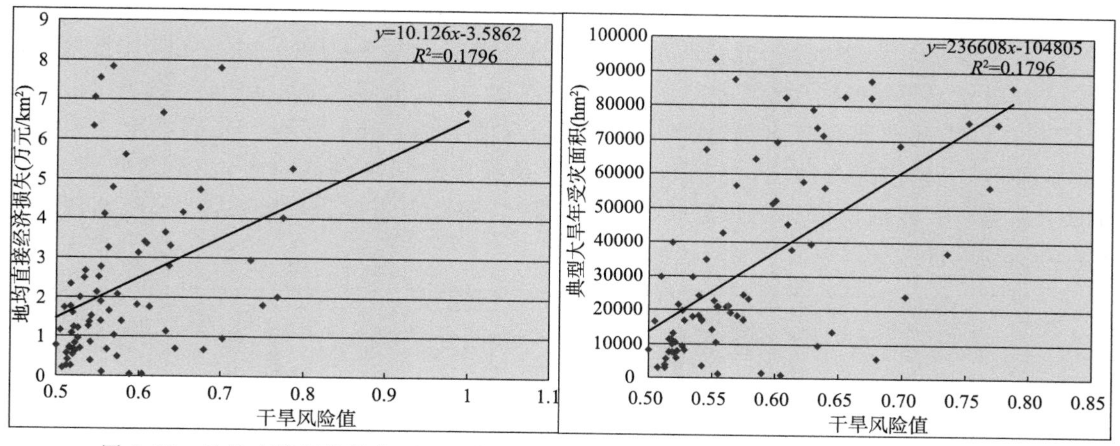

图 6.20　地均直接经济损失（左）及典型大旱年受灾面积（右）与风险区划结果散点相关图

6.3　台风灾害风险区划

6.3.1　技术路线

安徽省台风灾害风险区划技术路线如图 6.21 所示。

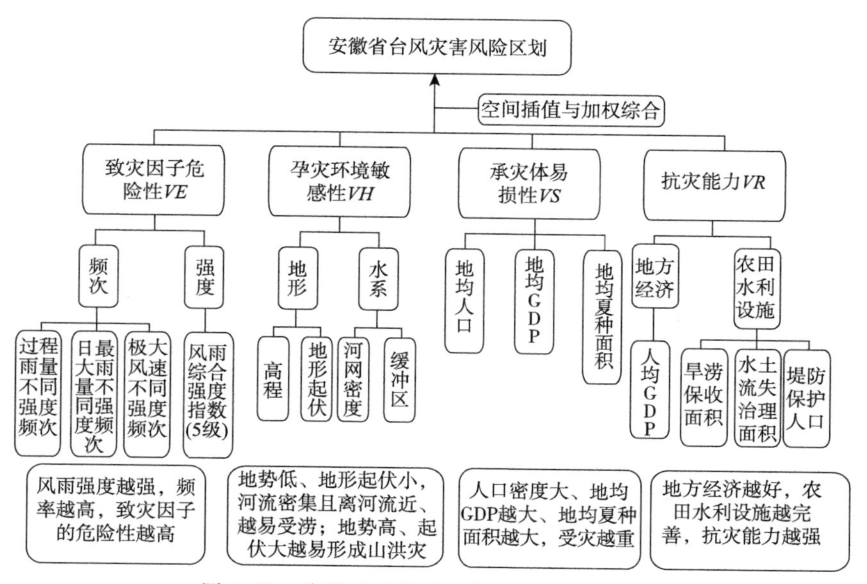

图 6.21　安徽省台风灾害风险区划技术流程

6.3.2　致灾因子危险性评估与区划

利用百分位数法计算各台站风雨综合强度指数前2%、前5%、前10%、前20%和前40%的阈值，统计各台站不同阈值范围内的频次。将各站的不同等级风雨综合强度指数的频次归一化后，从5—1级依次取权重系数为5/15、4/15、3/15、2/15、1/15，由式(3.3)计算得到站点的台风灾害致灾因子危险性指数。利用GIS中自然断点分级法按致灾因子危险性指数大小将安徽省划分为高危险区、次高危险区、中等危险区、次低危险区，低危险区(图6.22)。结果表明：江淮之间东部和西南部、大别山区、沿江中西部、江南东部和中北部等地为致灾因子高危险区，大别山区北部、江淮之间中东部以及江南中部次高危险区，江淮之间西北部、沿淮中东部以及江南南部为中等危险区，沿淮西部、淮北中东部为次低风险区，淮北西部和北部为低危险区。

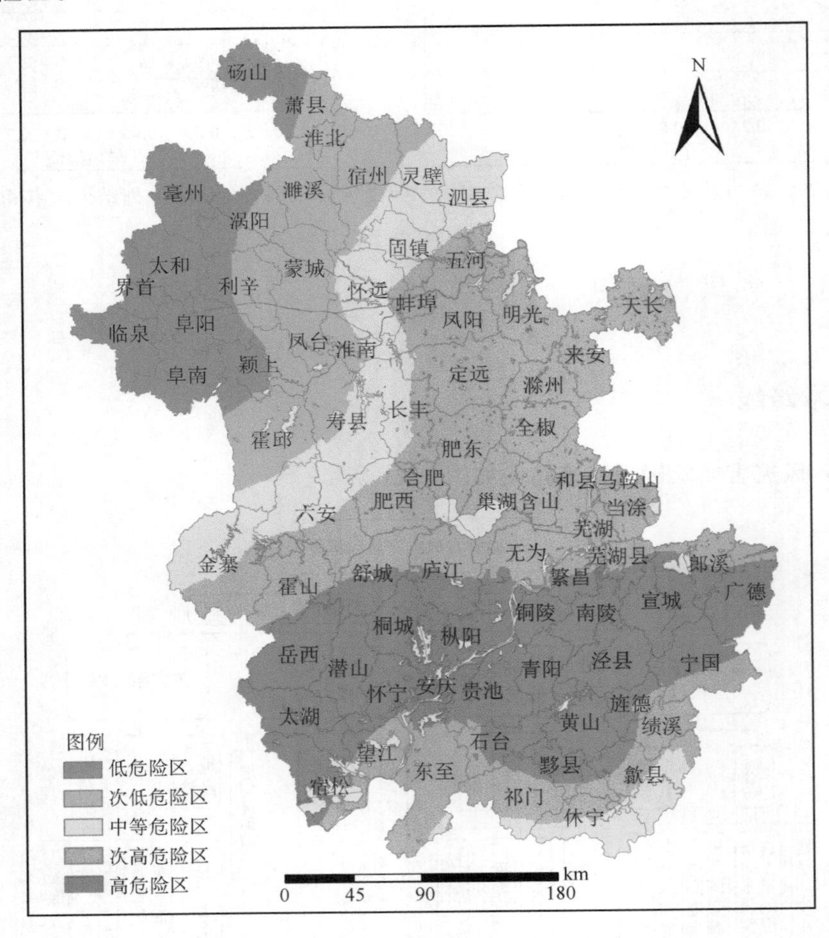

图6.22　安徽省台风致灾因子危险性指数分布

6.3.3　孕灾环境敏感性评估和区划

自然灾害系统理论认为：致灾因子在灾害的形成中起决定性作用，孕灾环境对灾害则具有放大或缩小的作用。针对台风及其影响的特点，台风灾害主要与地形、水系等环境要素有关。根据安徽省台风灾害特征，采用专家打分法对高程和地形标准差的不同组合赋值（表 6.5 和表 6.6）。

表 6.5　台风造成的涝灾地形因子赋值表

地形高程(m)	高程标准差(m)		
	一级(≤1)	二级(1,10)	三级(≥10)
一级(≤100)	0.9	0.8	0.7
二级(100,300)	0.8	0.7	0.6
三级[300,700)	0.7	0.6	0.5
四级(≥700)	0.6	0.5	0.4

表 6.6　台风造成的山洪灾害地形因子赋值表

地形高程(m)	高程标准差(m)		
	[0,1)	[1,10)	≥10
[0,500)	0.5	0.7	0.9
[500,1000)	0.4	0.6	0.8
≥1000	0.3	0.5	0.7

水系影响指数的赋值主要通过分析河流缓冲区和河网密度来实现，即：水系影响指数＝河网密度×0.5＋河流缓冲区×0.5。水系影响指数值越大表示越容易遭受涝灾。

将涝灾地形影响因子（WT）与水系影响因子（WD）归一化后等权重相加得到涝灾孕灾环境；再将涝灾孕灾环境（WH）与山洪地形影响因子（即山洪孕灾环境，TT）归一化后等权相加得到台风综合孕灾环境指数（VH），即：

$$VH = (WT \times 0.5 + WD \times 0.5) + TT \tag{6.7}$$

计算得到各格点孕灾环境的敏感性指数，利用自然断点分级法划分为 5 个等级（高敏感区、次高敏感区、中敏感区、次低敏感区和低敏感区），如图 6.23 所示。

图 6.23 中，台风灾害孕灾环境高敏感区主要位于沿江丘陵一线、大别山区外围、巢湖东南部以及江淮之间东部局部；次高敏感区位于江淮之间大部、沿江西部、江南东部和南部等地；中敏感区位于江淮之间西北部、沿江东部；次低敏感区主要位于沿淮淮北部大部、江南中部等地；低敏感区位于淮北北部、大别山区腹地。

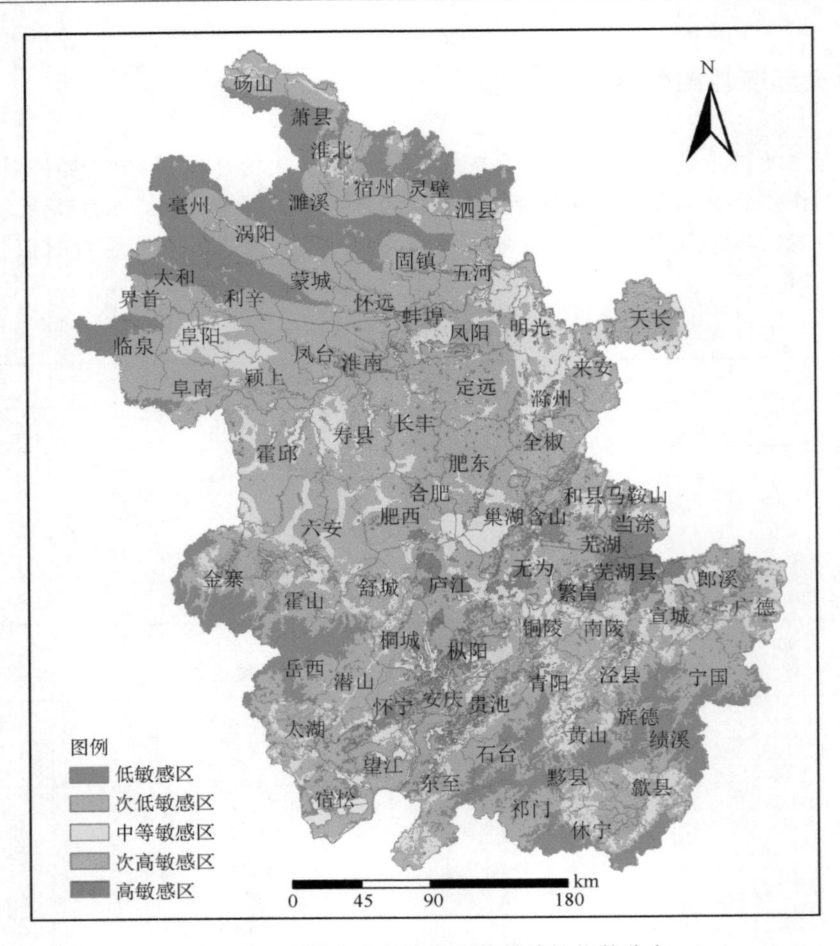

图 6.23　安徽省台风孕灾环境敏感性指数分布

6.3.4　承灾体易损性评估与区划

致灾因子的危险性仅反映了台风过程强降水和大风可能产生的危害大小，而实际造成危害的程度还与承灾体的情况有关。台风灾害的受体主要是社会经济和夏季农作物。同等强度的强降水和大风，发生在人口密集、经济发达的地区造成的损失往往要比发生在人口稀少、经济相对落后的地区大得多。本书重点考虑社会（人口）、经济（GDP）和农业（夏种面积）三个方面，选用地均人口、地均 GDP 和地均夏种面积来作为台风灾害的社会经济易损性指标。

将上述数据归一化后，取人口密度的权重为 0.25，地均 GDP 的权重为 0.25，地均夏种面积比例的权重为 0.5，采用加权综合法，根据式(3.3)计算得到各市县的承灾体易损性指数(图 6.24)。图 6.24 中，高易损区主要位于城市和淮北西部，次高易损区主要位于淮北中东部及江淮之间南部，中等易损区主要位于江淮之间大部，次低易损区主要位于沿淮东部、沿江中西部以及霍山和舒城一带，低易损区则位于江南大部及金寨等地。

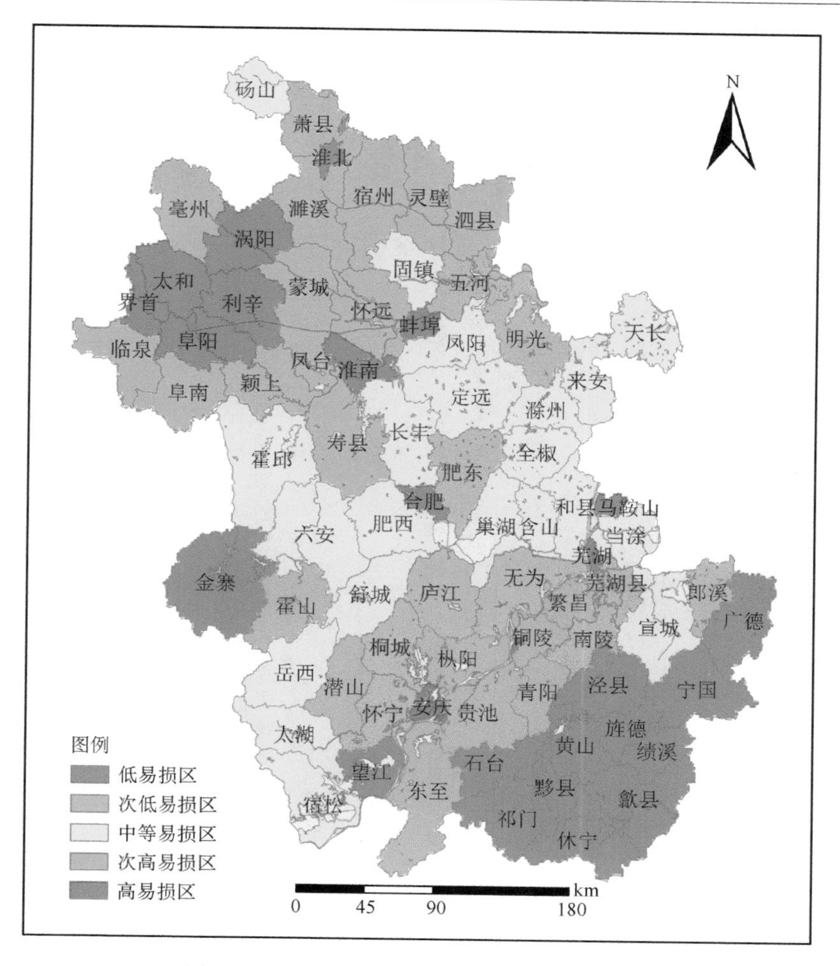

图 6.24 安徽省台风承灾体易损性指数分布

6.3.5 抗灾能力评估和区划

以上各项指标是从台风灾害的发生及影响的角度来评估灾害风险，然而台风发生时人的主观能动性以及防灾减灾措施常常也是不可忽视的重要因素，因此，抗灾能力的强弱是灾害风险评估不可或缺的因子。在抗灾能力分析中本书主要考虑了人均GDP（或地方财政收入）和农田水利措施。人均GDP表示一个地区的经济发展水平，其值越大，表明该地经济发展水平越高，抗灾能力越强；反之亦然。GDP高值区主要在城市，淮北中北部、沿淮西部及大别山区人均GDP最低。农田水利措施中主要考虑了地均旱涝保收面积、地均水土流失面积和地均堤防保护人口，将各因子归一化后分别赋予3/6、2/6和1/6的权重，得到农田水利措施指数。

将人均GDP和农田水利措施指数经归一化处理后，按照：抗灾能力指数＝人均GDP×0.5＋农田水利措施指数×0.5，计算得到抗灾能力指数（图6.25）。图6.25中，高抗灾能力均位于城市，次高抗灾能力主要位于江淮之间东部、怀远和黄山等地，淮北西北部、金寨、六安等地抗灾能力低。

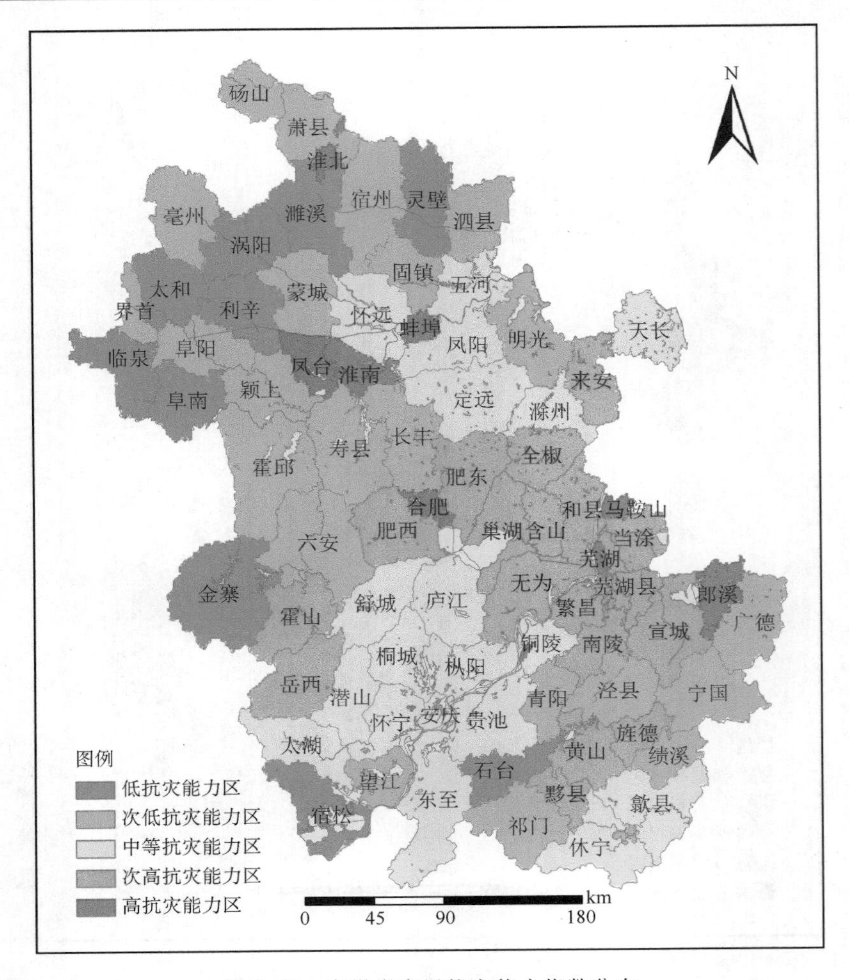

图 6.25 安徽省台风抗灾能力指数分布

6.3.6 台风灾害风险区划

台风灾害风险是致灾因子危险性(*VE*)、孕灾环境敏感性(*VH*)、承灾体易损性(*VS*)和抗灾能力(*VR*)4 个因子综合作用的结果,经征求有关专家意见以及与历史灾情对比,最后取等权重系数,由式(3.4)计算得到安徽省台风灾害综合指数。利用自然断点分级法将全省划分为台风灾害高风险区、次高风险区、中等风险区、次低风险区和低风险区(图 6.26)。

高风险区:主要位于大别山区东部和南部、江淮之间西南部及东部局部、沿江丘陵一线。这些区域致灾危险性高,且多丘陵和岗地区域,河网密布,孕育涝灾和山洪灾害的可能性均较大,加之人口密度大,承灾体易损性较高,抗灾能力普遍不强。综合来看,台风灾害风险最高。

次高风险区:主要位于江淮之间大部、沿江部分地区。这些区域致灾危险性和孕灾环境敏感性均较高,承灾体易损性和抗灾能力中等,因此,台风灾害风险仍然较高。

中等风险区:主要位于沿淮东部、江淮之间西北部和东南部部分地区、沿江东部。这些区域中江淮之间西北部致灾因子危险性中等,其他区域致灾危险性较高,但孕灾环境敏感性、承灾体易损性中等，抗灾能力普遍中等或偏低，因此，台风灾害风险一般。

次低风险区：主要位于淮北大部、大别山区腹地以及江南大部。这些区域致灾因子危险性中等或偏低，孕灾环境普遍敏感性较低，淮北承灾体易损性较高、其他区域易损性低，抗灾能力低或较低，故综合风险较低。

低风险区：主要位于淮北西北部、江南南部局部。这些区域致灾危险性低，孕灾环境不敏感，承灾体易损性高，抗灾能力低，因此，台风灾害风险最低。

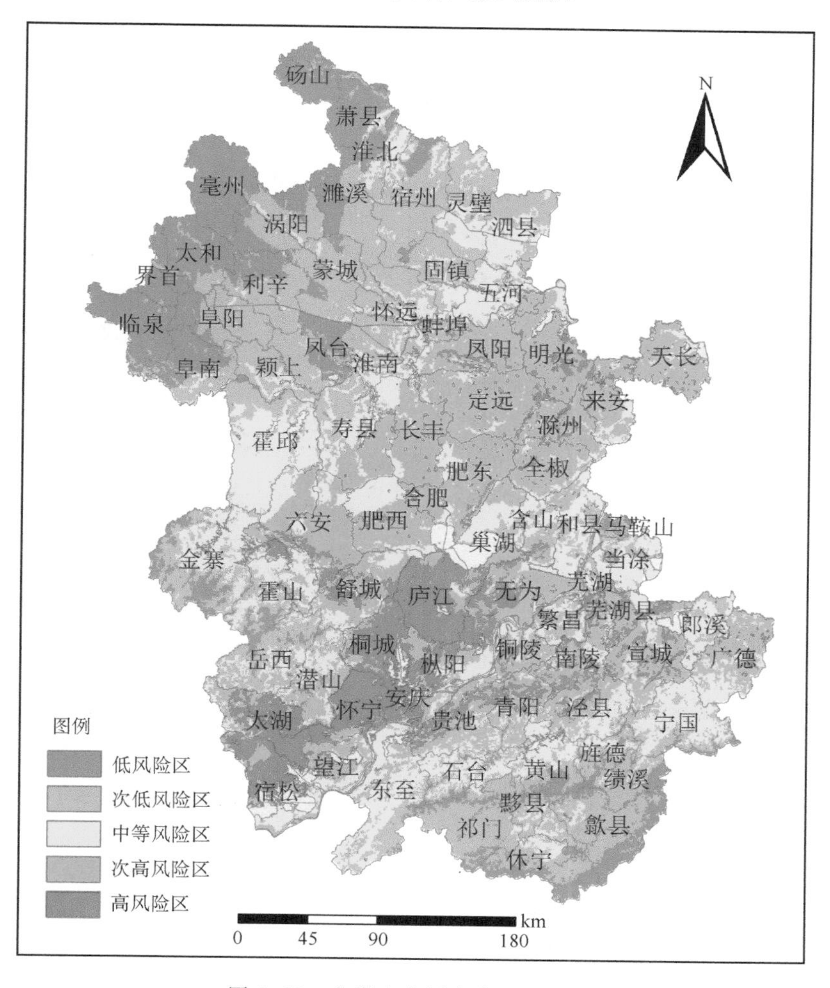

图6.26 安徽省台风灾害风险区划

6.3.7 区划结果验证

收集整理了安徽省1997—2009年平均的台风灾情（地均受灾面积、地均受灾人口、地均倒塌房屋及地均直接经济损失），从台风灾情空间分布看，安徽省大别山区、江淮之间东部为台风灾害最为严重的区域，江南东南部为台风灾情次之，沿淮淮北台风灾害影响最轻。皖南山区风险度与灾情对应不太好，这可能是因为山区人口和耕地均比较少、比例低的缘故。作单因素承灾体的灾害风险区划，与灾情图进行对比（图6.27—6.29）。

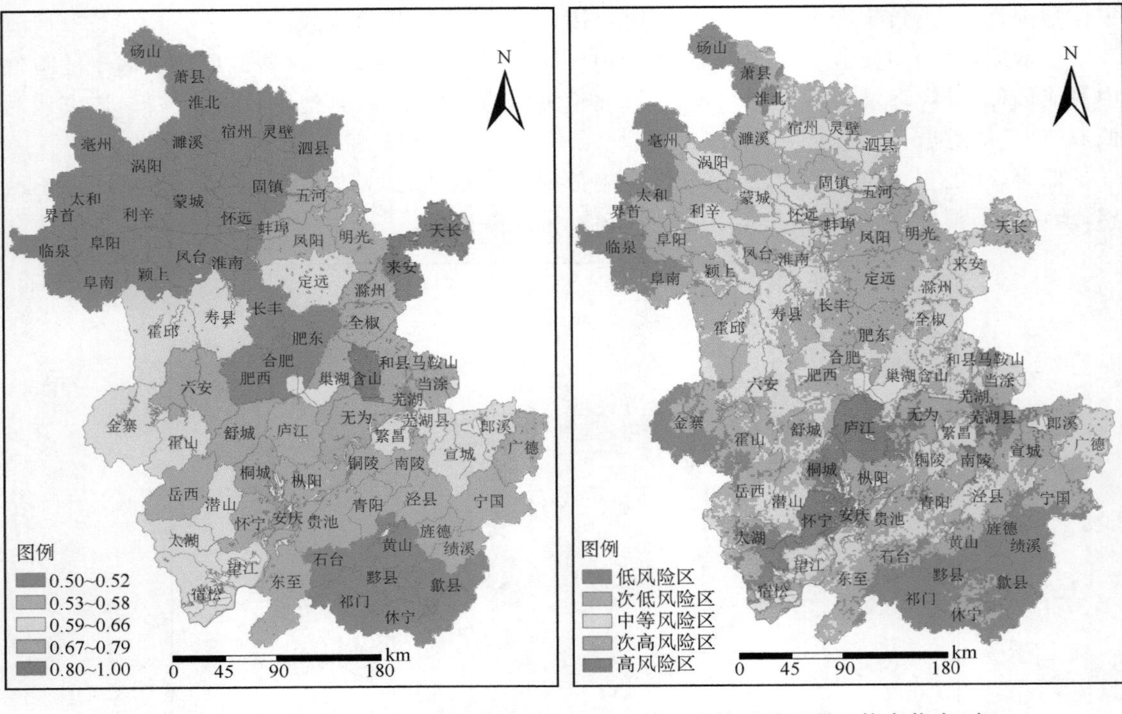

图 6.27 地均受灾面积(左)和致灾因子×孕灾环境×地均夏种面积×抗灾能力(右)

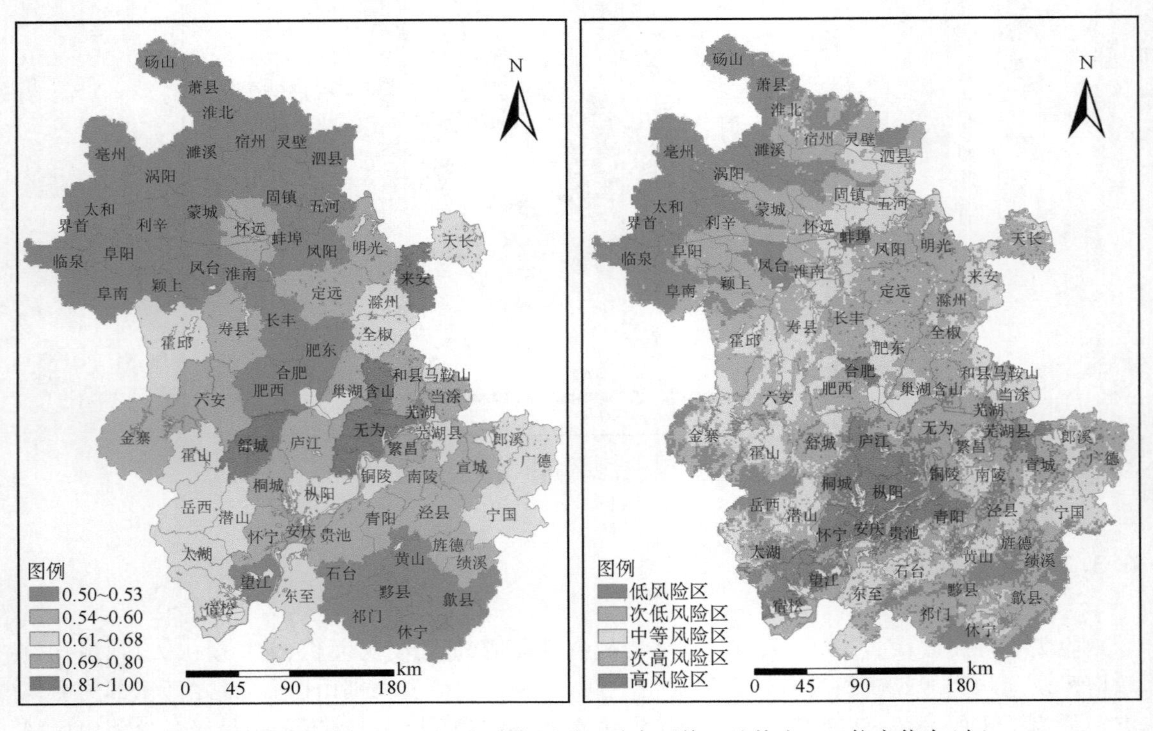

图 6.28 地均受灾人口(左)和致灾因子×孕灾环境×地均人口×抗灾能力(右)

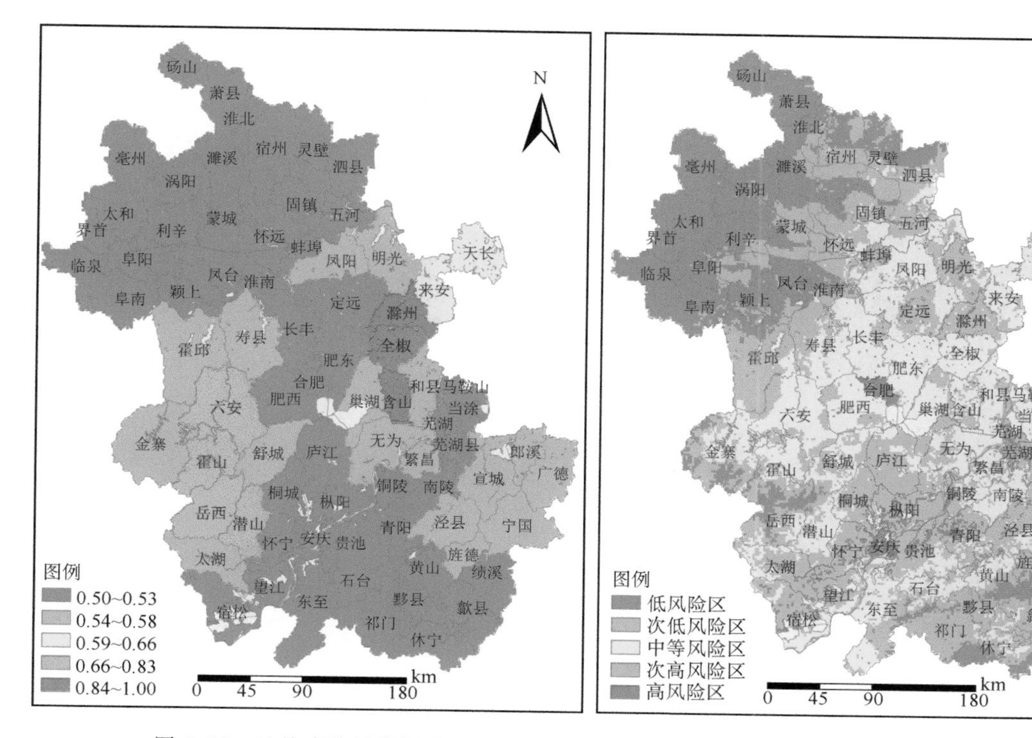

图 6.29　地均直接经济损失(左)和致灾因子×孕灾环境×地均 GDP×抗灾能力(右)

结果表明:单因素风险区划结果分布趋势与历史灾情总体对应较好,但部分地区单因素风险区划与灾情不能完全对应,如:夏种面积图中大别山腹地和皖东局部风险度与灾情对应不太好,地均人口江淮之间西南部风险区比实际灾情高,直接经济损失最强中心与灾情不一致。单因素区划与灾情不能完全对应的可能原因有:①大别山区腹地承载体以经济农林业为主,农田相对较少,社会经济发展相对滞后;②GDP 高的地区抗灾能力强,直接经济损失不一定大;③由于区划利用 1997—2009 年灾情资料,时间序列不是太长,可能不具有代表性。同时灾情资料的准确性可能存在问题,造成了灾情与区划结果不能一一对应。

利用台风灾情综合模型计算得到综合灾损指数,从其空间分布看(图 6.30):综合灾损最大区域位于大别山区东部和南部、江淮之间东部局地,而淮北、江淮之间中部以及江南南部综合灾损最轻。此外,通过查找强台风过程及相关历史文献记录对区划图进行验证,结果也表明区划结果基本能反映历史台风灾害特征。

在 GIS 图层中提取全省各行政单元(县市)栅格内台风灾害风险指数(*FDRI*),计算行政单元栅格内 *FDRI* 的平均值,得到各县(市)*FDRI* 综合值,分别对各县(市)台风综合灾损指数(*CDI*)和台风灾害风险指数(*FDRI*)归一化后做散点相关图(图 6.31)。从散点图的线性趋势来看,*CDI* 和 *FDRI* 呈极显著的线性相关关系(信度达到 0.001 的水平),表明台风灾害风险区划结果能较好反映台风灾害特征。

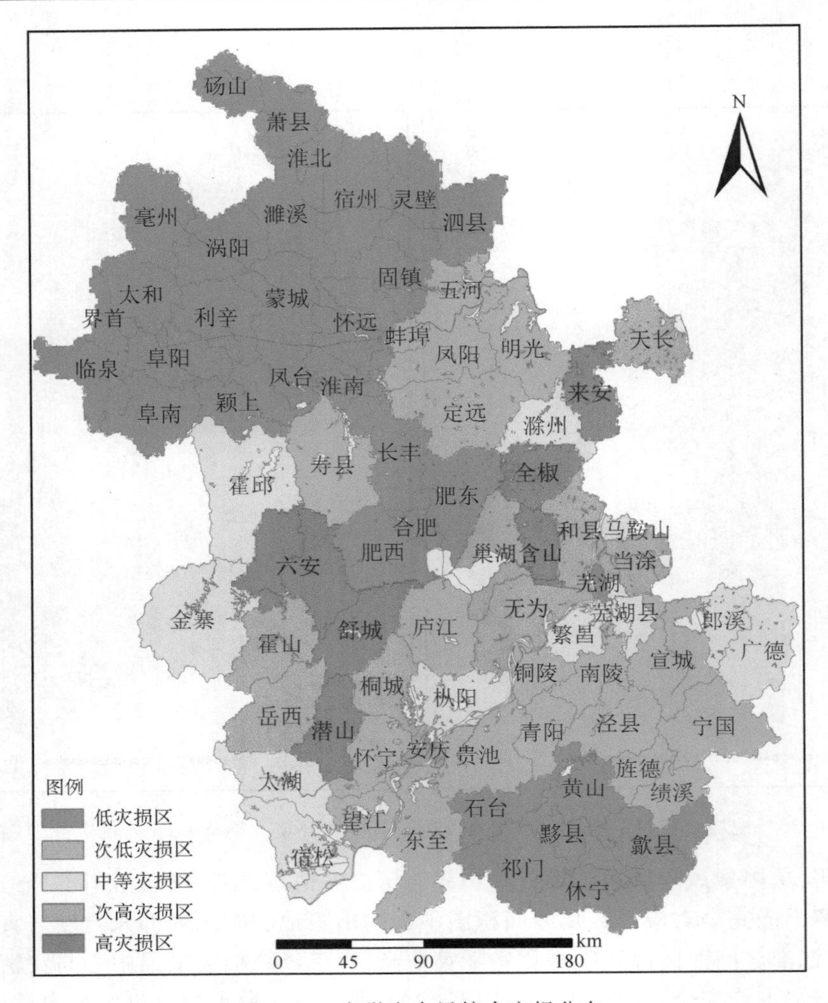

图 6.30　安徽省台风综合灾损分布

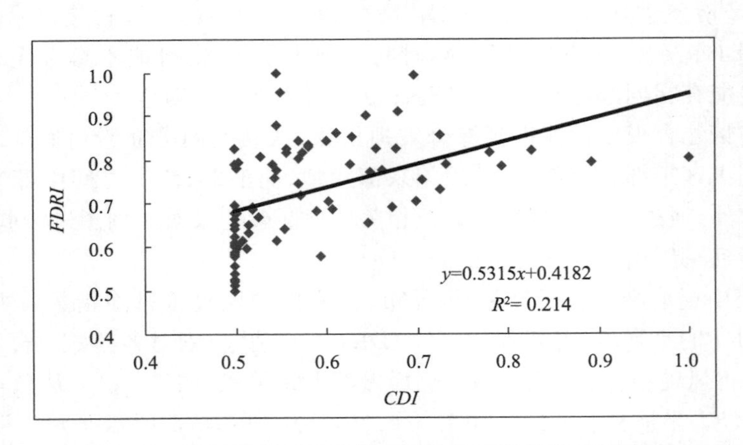

图 6.31　台风灾害风险指数与综合灾损指数散点相关图

总体来看，台风灾害风险区划与灾情空间分布基本一致，仅个别地区风险度与受灾程度不能完全对应。通过查找强台风过程及相关历史文献记录对区划图进行验证，结果也表明区划结果基本能反映历史台风灾害特征。

6.4　高温灾害风险区划

6.4.1　技术路线

安徽省高温灾害风险区划技术路线如图 6.32 所示。

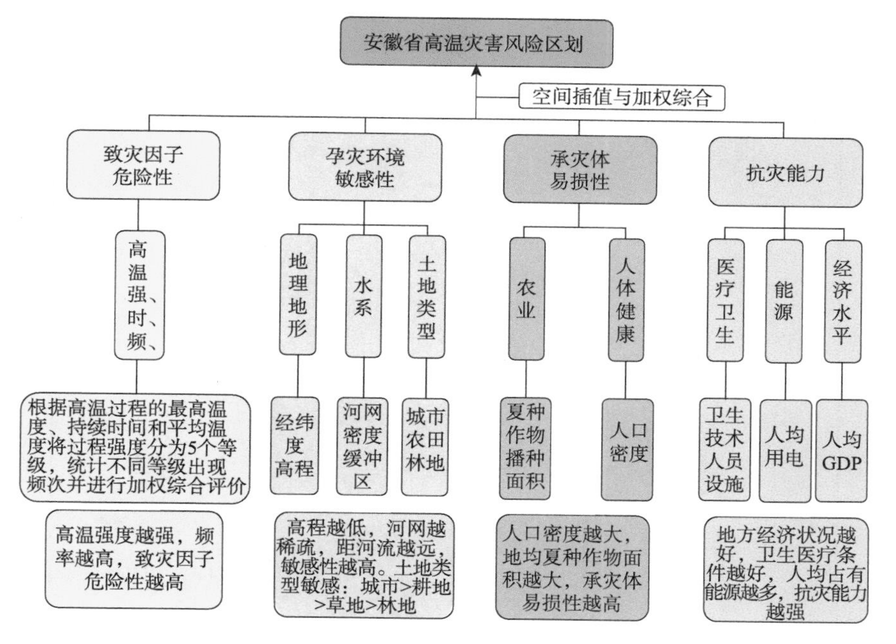

图 6.32　安徽省高温灾害风险区划技术流程

6.4.2　致灾因子危险性评估和区划

根据高温强度等级越高，对高温灾害形成所起的作用越大的原则，确定高温致灾因子权重。首先将各站的不同等级高温频次进行归一化，然后从 5—1 级依次取权重系数为 5/15、4/15、3/15、2/15、1/15，采用加权综合评价法，计算站点的高温致灾因子危险性指数。

根据以往的研究，Kriging 方法对区域温度、降水等气象要素具有较好的插值效果，因此本书选用 Kriging 法来进行高温致灾因子危险性指标值的空间插值。由于考虑到黄山光明顶为高山站比较特殊，并且在孕灾环境中已考虑了高程对高温发生的影响，因此在插值过程中将光明顶站去除。

在得到全省的危险性指数的空间分布结果后，我们进一步对致灾因子危险性进行了区划分析，所采用的区划分级方法为自然断点法(Jenks Natural Breaks Optimization)，其原理是根据数据序列本身的统计规律，按要求设定等级断点的个数，使得级内方差最小同时使不同等级间方差最大的一种最优化数据分组方法。

最后将致灾因子危险性指数按5个等级进行分级区划，得到安徽省高温致灾因子危险性指数区划图(图6.33)。由图可知，安徽省高温致灾因子高危险区主要在皖东南、西北部地区以及霍山六安一带，次高危险区主要分布在沿江江南、江淮西部和皖北西部地区，而沿江、沿淮淮北以及皖北东部地区则为中等危险区，次低危险区主要分布在安徽省中部、东部和沿江江北地区，两大山区、江淮中部和天长来安一带则为低危险区。

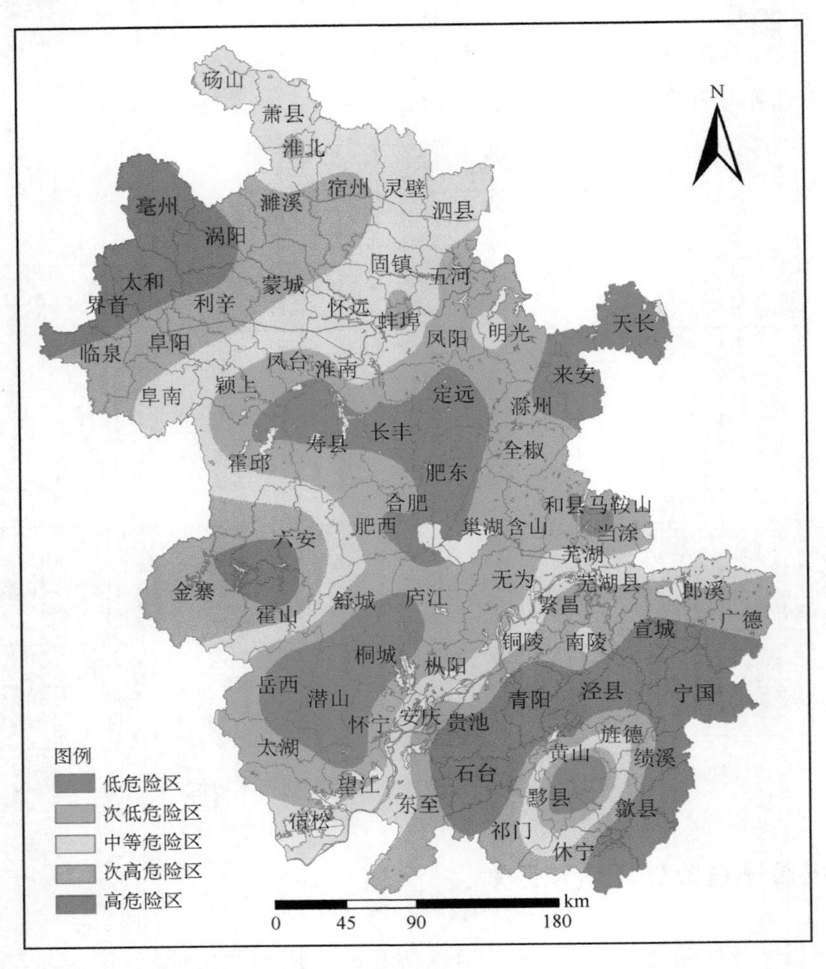

图6.33　安徽省高温致灾因子危险性指数分布

6.4.3　孕灾环境敏感性评估与区划

针对高温灾害发生的特点，高温灾害主要与地形、地表覆盖以及水系等环境要素有关。地形对高温灾害的影响主要体现在海拔高度对气温的影响，由于气温垂直递减率的存在，海拔高的地区，气温相对较低，相应的高温灾害发生的可能性就相对较小。本书根据安徽省数字地面高程，在GIS中采用自然断点法将全省海拔分为5级，按海拔越高，其影响值越小的原则进行赋值(表6.7)。

表 6.7　地形因子赋值表

分级	海拔范围(m)	指标值
一级	≤100	0.9
二级	100～300	0.8
三级	300～500	0.7
四级	500～800	0.6
五级	≥800	0.5

不同的地表覆盖类型对高温的敏感程度也各不相同，一般认为由于城市热岛作用，并且人口密集，城市较易受到高温侵袭。此外，高温对不同的土地利用类型也有不同的影响，如高温常常会对农作物产生不利影响，而相对而言森林和水域对高温就较不敏感。因此，根据敏感程度：城市＞耕地＞林地＞水域，由高到低对不同土地利用类型进行赋值。

水系对高温灾害的影响主要有两方面因素：一是由于水体的热容量高于陆地，在大型水体周边会有小气候存在，可以对高温的发生有一定的缓解作用；另一方面，靠近水体有助于满足高温灾害发生期间的用水需求。水系影响指数的赋值主要通过分析河流缓冲区和河网密度来实现。河网越稀疏，距离河流、湖泊、大型水库等越远的地方遭受高温灾害的风险越大。利用水系分布的地理信息数据和 ArcGIS 的密度分析工具(Density)计算了安徽省的河网密度指数。考虑到河网密度越大，高温灾害风险越小(与抗灾能力因子的影响类似)，因此，在计算河网缓冲区影响度时采用公式(3.2)进行归一化处理。

离水体远近的影响则用 GIS 中的计算缓冲区功能实现，表 6.8 给出了缓冲区等级划分标准及影响因子值，利用 ArcGIS 的工具箱模块(ArcToolbox)中缓冲区分析工具(Buffer)计算出缓冲区影响因子分布。

表 6.8　河流缓冲区等级和宽度的划分标准

缓冲区宽度(km)			
一级河流		二级河流	
一级缓冲区	二级缓冲区	一级缓冲区	二级缓冲区
8	12	6	10

注：各级缓冲区对高温危险性的影响度：一级缓冲区为 0.5，二级缓冲区为 0.8，非缓冲区为 0.9。

河网密度和缓冲区影响指数经归一化处理后，各取权重 0.5，采用加权综合评价法，即水系影响指数＝河网密度影响指数×0.5＋河流缓冲区影响度×0.5。水系影响指数的值越大，表示越容易遭受高温灾害。

将地形、地表覆盖、水系影响指数经归一化处理后，取地形权重为 0.5，地表覆盖权重为 0.3，水系权重为 0.2，采用加权综合评价法，即：

$$\text{孕灾环境敏感性指数} = \text{地形影响指数} \times 0.5 + \text{地表覆盖影响指数} \times 0.3 + \text{水系影响指数} \times 0.2 \quad (6.8)$$

计算得到各格点孕灾环境的敏感性指数，利用自然断点分级法划分为 5 个等级(高敏感区、次高敏感区、中敏感区、次低敏感区和低敏感区)，如图 6.34 所示。安徽省高温灾害孕灾环境高敏感区主要分布在皖北、江淮西部地区和城市建成区域，次高敏感区分布较广包括了省内大部分平原地区，中等敏感区则分布在丘陵地带和水体周边地区，次低和低敏感区主要在大别山区和皖南山区。

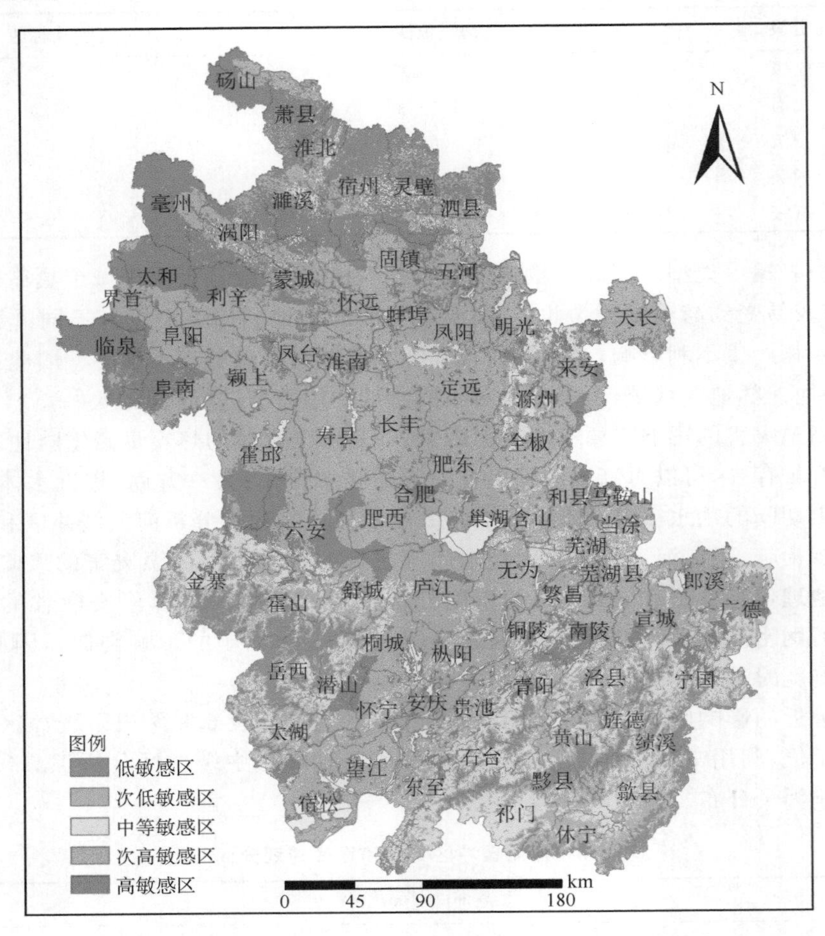

图 6.34 安徽省高温孕灾环境敏感性指数分布

6.4.4 承灾体易损性评估与区划

高温灾害的受体主要是人体健康和夏季农作物，因此，承灾体易损性的评估重点考虑了人口和农业这两个方面。将空间化的地均人口密度和地均夏种作物面积按公式(3.1)进行归一化，并将上述两指标进行等权重综合评价，即

$$承灾体易损性指数 = 人口密度指数 \times 0.5 + 夏种作物指数 \times 0.5 \tag{6.9}$$

计算得到各地的承灾体易损性指数，同样采用自然断点法进行分级区划(图 6.35)。由图可知，高易损区主要位于城市区域，次高易损区主要位于淮北西部，中等易损区则分布于淮北中东部及江淮之间部分地区，次低易损区主要位于皖东和沿江地区，低易损区则位于皖南山区和大别山区。

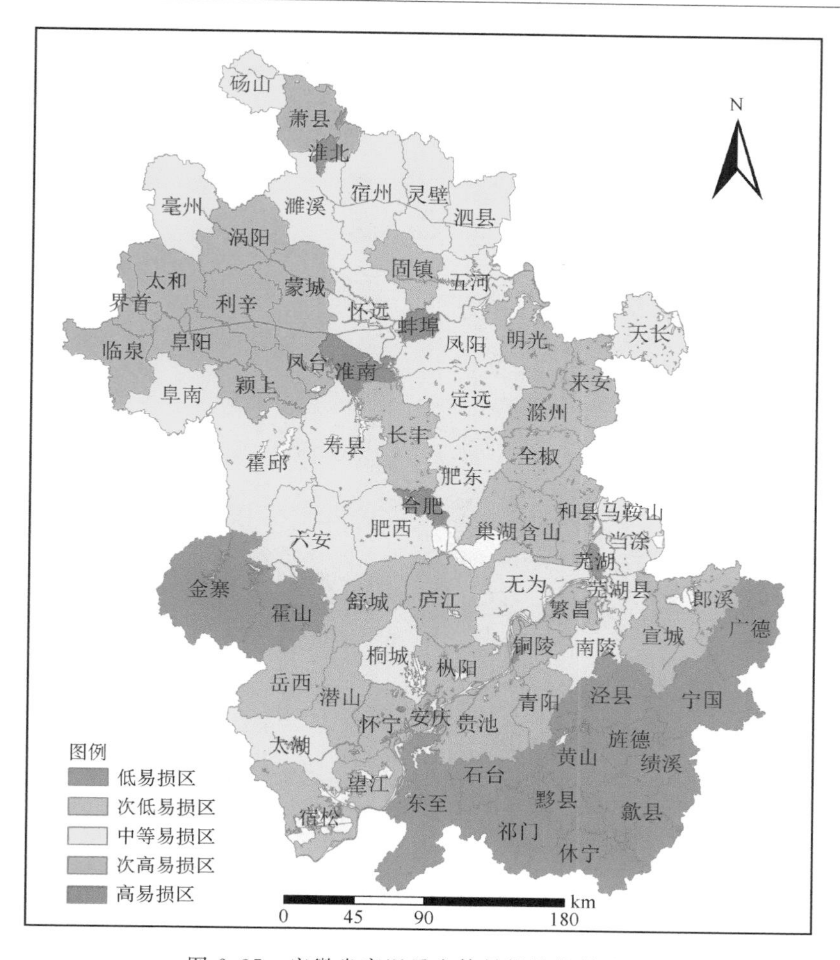

图 6.35 安徽省高温承灾体易损性指数分布

6.4.5 抗灾能力评估与区划

以上各项指标是从高温灾害的发生及影响的角度来评估灾害风险，然而灾害发生时人的主观能动性以及防灾减灾措施常常也是不可忽视的重要因素，因此，抗灾能力的强弱是灾害风险评估不可或缺的因子。在抗灾能力分析中本书主要考虑了地方医疗卫生设施、人均占有能源情况和社会经济发展水平三个方面，评估中所采用的空间化方法与承灾体评估类似。

将医疗卫生、人均能源和社会发展水平三指标以 4：4：2 的权重系数进行加权综合，即：

$$抗灾能力指数 = 医疗卫生指数 \times 0.4 + 人均能源指数 \times 0.4 + 社会发展指数 \times 0.2 \quad (6.10)$$

计算得到安徽省抗灾能力区划图(图 6.36)，由图 6.36 从社会经济的角度来说，皖北的阜阳、亳州和宿州等地以及皖西六安地区对高温的抗灾能力最弱，次低抗灾能力地区主要包括江淮地区的安庆、巢湖和滁州地区，抗灾能力中等的区域为沿淮东部地区和沿江江南的池州、宣城一带，具有较强的高温抗灾能力的地区主要分布在沿江江南东部、皖中和皖南等部分地区。

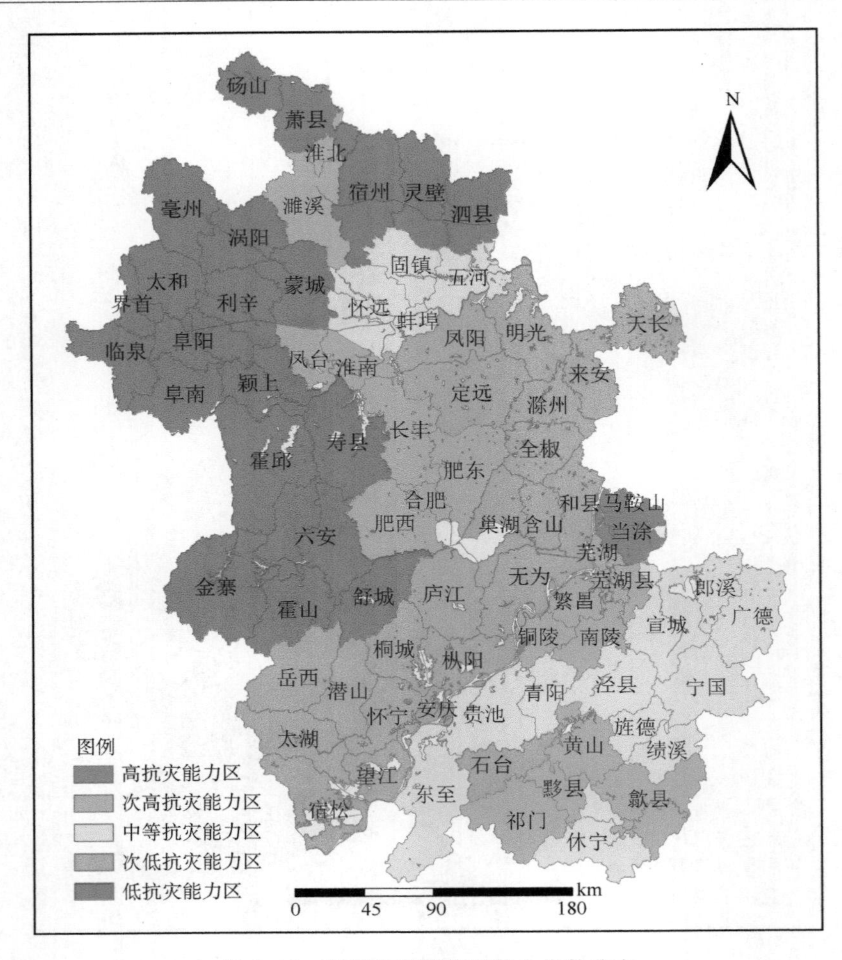

图 6.36　安徽省高温抗灾能力指数分布

6.4.6　高温灾害风险区划

高温灾害风险是致灾因子危险性、孕灾环境敏感性、承灾体易损性和防灾减灾能力 4 个因子综合作用的结果。结合安徽省实际情况，征求专家意见，以 4∶3∶2∶1 的权重进行计算[公式(3.4)]得到综合风险指数。最后使用自然断点分级法将全省划分为高温灾害高风险区、次高风险区、中等风险区、次低风险区和低风险区(图 6.37)。

各区评述如下：

高风险区：主要位于安徽省西北部以及石台、池州、青阳一带和六安地区，同时还包括省内的一些城市区域。这些区域致灾危险性均较高，其中皖西北地区主要为平原，河网稀疏，孕灾环境敏感，人口密度大，耕地比例高，承灾体易损性较高，抗灾能力不强，导致高温灾害风险最高。石台等地具有高风险主要原因是其高致灾因子危险度，而城市地区除了其较高的致灾因子危险度外，极高的人口密度以及对高温灾害的敏感特征也是导致城市具有高灾害风险的主要原因。

次高风险区：主要位于淮北南部和东部以及沿江江南地区。其中淮北地区高温致灾危险性一般，但孕灾环境比较敏感，承灾体易损性高，抗灾能力不强，因此，高温灾害风险仍然较高；而沿江江南地区虽然承灾体易损性不高，抗灾能力尚可，但由于高温致灾因子较强，高温灾害频发，导致总体灾害风险仍然较高。

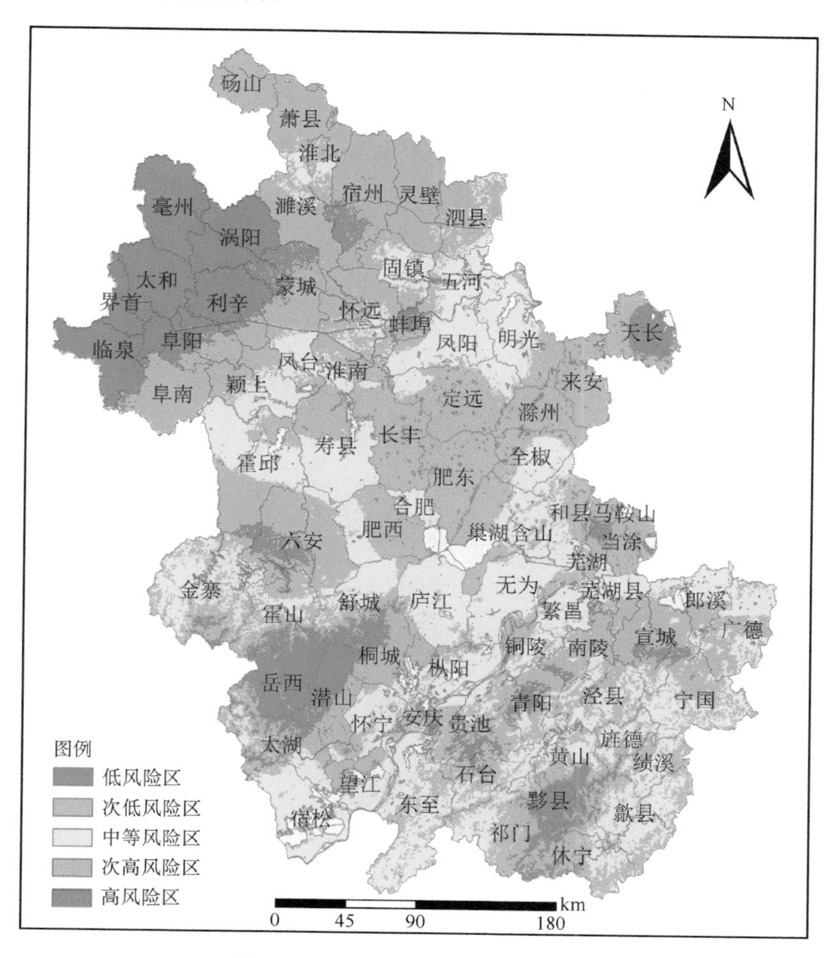

图 6.37　安徽省高温灾害风险区划

中等风险区：主要位于沿淮、江淮之间南部和北部地区以及江南的部分地区。其中沿淮和江淮之间地区虽然高温致灾危险度不高，但孕灾环境较敏感，承灾体易损性为中等或较高，抗灾能力普遍不强，因此，高温灾害风险一般。而江南地区则与之相反，虽然致灾危险度较高，但孕灾环境不敏感，并且人口密度较低，耕地较少，抗灾能力也较强，因而降低了该地区的综合高温灾害风险。

次低风险区：主要位于江淮之间中东部，沿江东部，大别山南麓和省内的部分丘陵低山地区。这些地区的致灾因子危险度一般都较低，承灾体易损性均为中等以下，虽然孕灾环境和抗灾能力各有不同，但由于高温灾害侵袭较少，总体灾害风险均不高。

低风险区：主要位于皖南和大别山区。这些区域海拔较高，一般很少出现高温过程，并且人口密度较低和耕地较少，承灾体易损性低，因此，高温灾害风险最低。

6.4.7 区划结果验证

由于高温灾害灾情一般不单独统计，因此，直接采用灾情数据来验证区划结果有一定难度。本书利用安徽省气象灾害普查数据库，从中挑选涉及高温的灾情记录，建立历史高温灾害案例库。以此案例库为基础，研究有记录高温灾情的时空特征，并与区划结果进行对比验证。

由图 6.38 可以看出，高温历史灾情以沿江和皖北地区记录较多，其中城市区域(如芜湖、合肥市)多于周边地区。与高温灾害风险区划结果的对比分析可知：高温灾情记录基本上都发生在灾害风险中等以上地区，其中又以较高和高风险区发生次数较多，历史灾情记录与区划结果较一致，说明灾害风险区划基本能反映历史高温灾害特征。

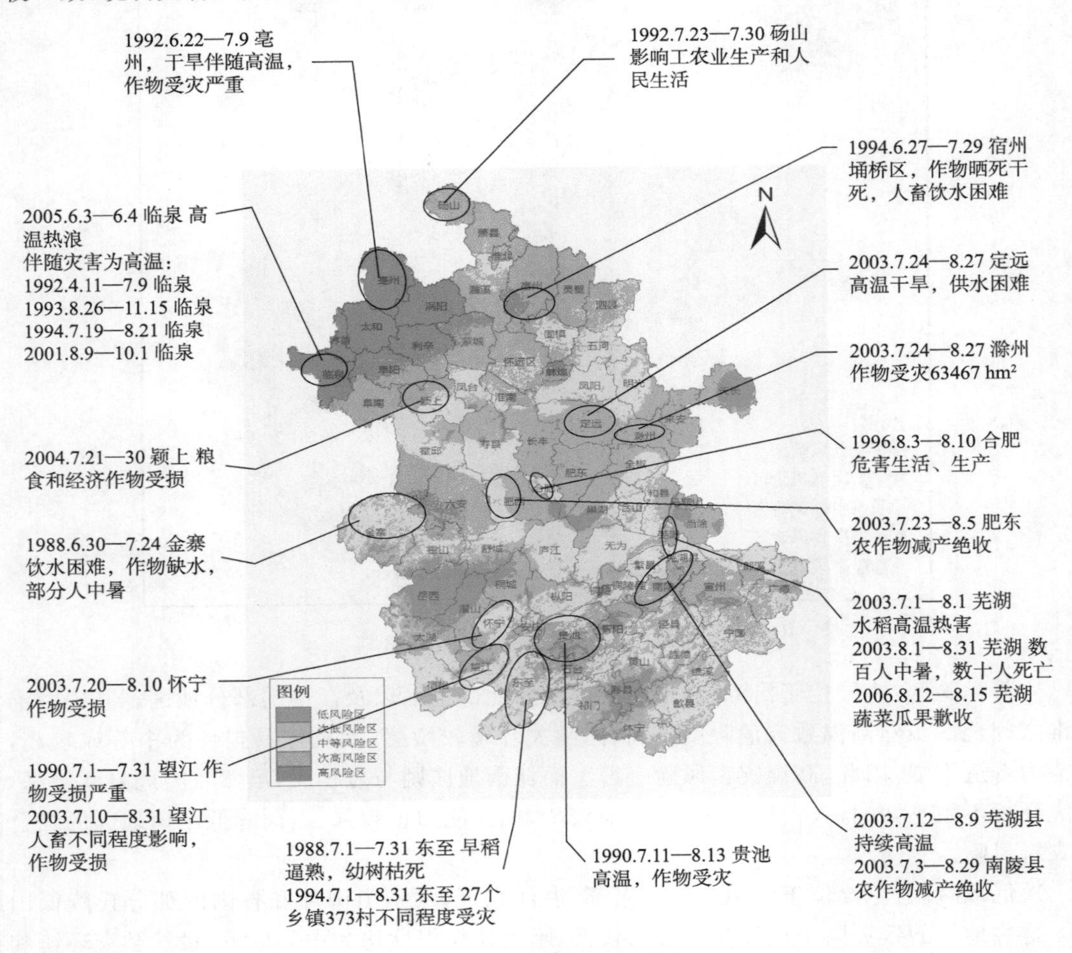

图 6.38 历史高温灾情分布

6.5　低温冷冻灾害风险区划

6.5.1　技术路线

安徽省低温冷冻灾害风险区划技术路线如图6.39所示。

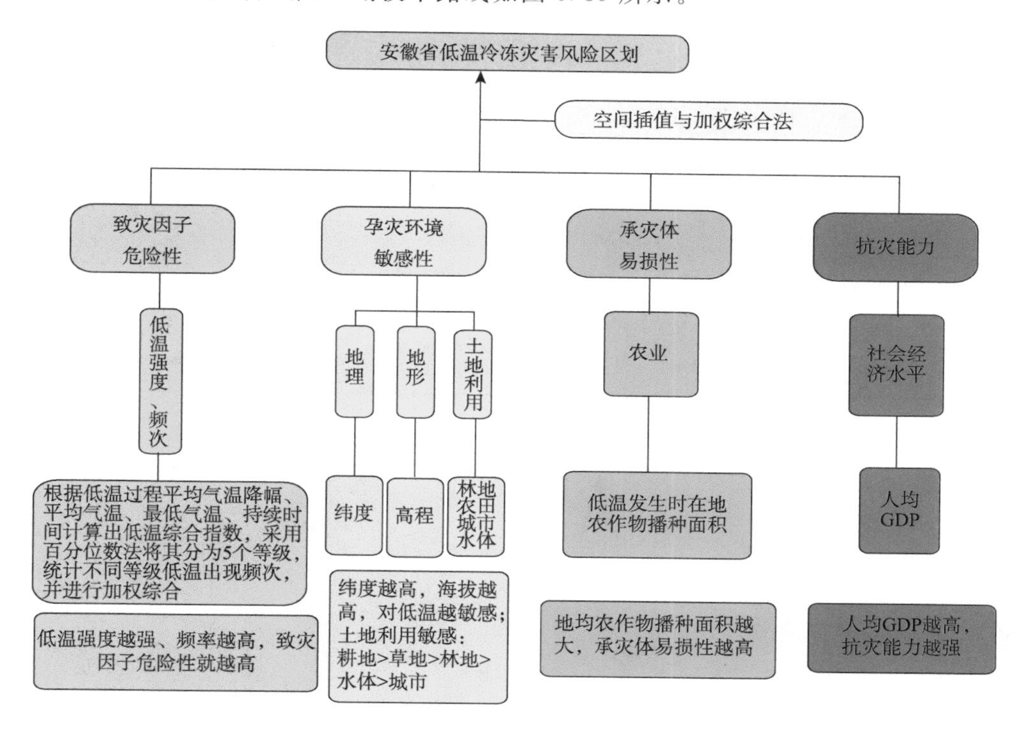

图6.39　安徽省低温冷冻灾害风险区划技术流程

6.5.2　致灾因子危险性评估和区划

统计各台站不同低温等级的发生频次(1961—2009年平均值)，利用式(3.3)计算得出各台站的不同低温类型致灾因子危险性指数，该指数为不同低温等级的发生频次的加权综合值，其权重系数根据低温强度等级越高，对低温灾害形成所起的作用越大的原则，1—5级的权重系数分别为1/15、2/15、3/15、4/15和5/15。最后利用基于台站的危险性指数，采用Kriging插值法，插值到全省范围内的500 m×500 m网格点上，并通过自然断点分级法(以下等级划分方法类同)，将致灾因子危险性指数按5个等级进行分级区划，得到安徽省低温致灾因子危险性区划图(图6.40)。

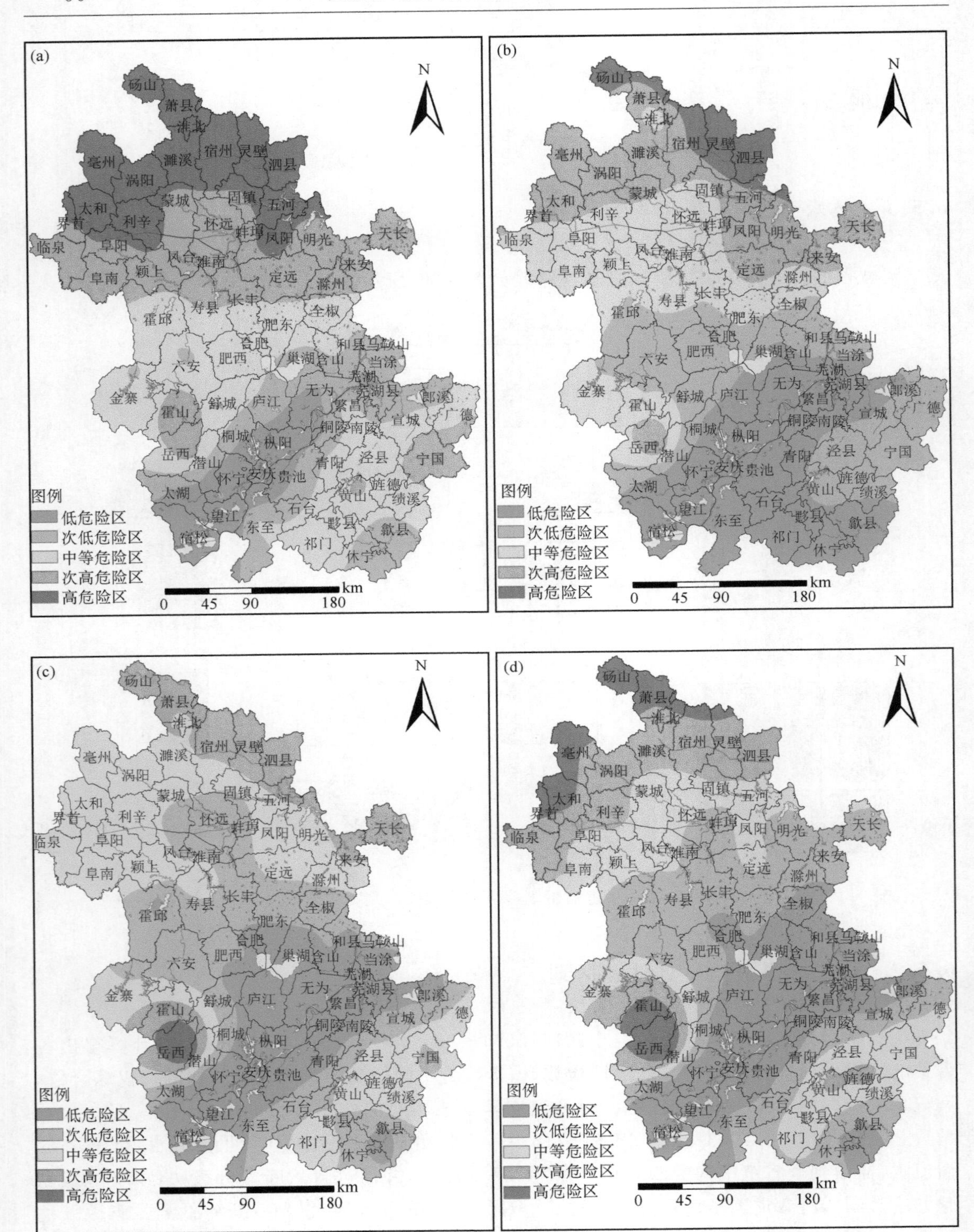

图 6.40　安徽省冻害(a)、倒春寒(b)、小满寒(c)及秋分寒(d)致灾因子危险性指数分布

6.5.3　孕灾环境敏感性评估和区划

在气候条件相同的情况下，某个孕灾环境的地理地貌条件与低温灾害配合，在很大程度上能加剧或减弱低温致灾因子及次生灾害。有研究表明，影响山地、丘陵地区温度的空间分布因素很多，既包括地理经纬度、与大水体的远近、高大山脉的走向等宏观地理条件，也包括海拔、坡度、坡向、地形遮蔽等小地形因子以及土壤植被等下垫面性质。本书结合安徽省实际地理地貌特征，同时考虑到致灾因子危险性指数插值时已包含经纬度信息，因而选取安徽省的高程和土地利用类型作为孕灾环境敏感性指标。并根据不同土地利用类型对低温的敏感程度，对其进行赋值，具体详见表6.9。然后利用GIS平台的空间分析模块(Spatial Analyst)中的栅格计算器(Raster Calculator)，对高程和土地利用类型图层，分别取0.7和0.3的权重系数，采用公式(3.3)进行图层计算，得出孕灾环境敏感性指数，并将其划分为5级，得到孕灾环境敏感性区划图(图6.41)。

表6.9　不同土地利用类型对低温敏感程度赋值表

类型	耕地	草地	林地	水体	城市用地
赋值	0.940	0.850	0.750	0.550	0.500

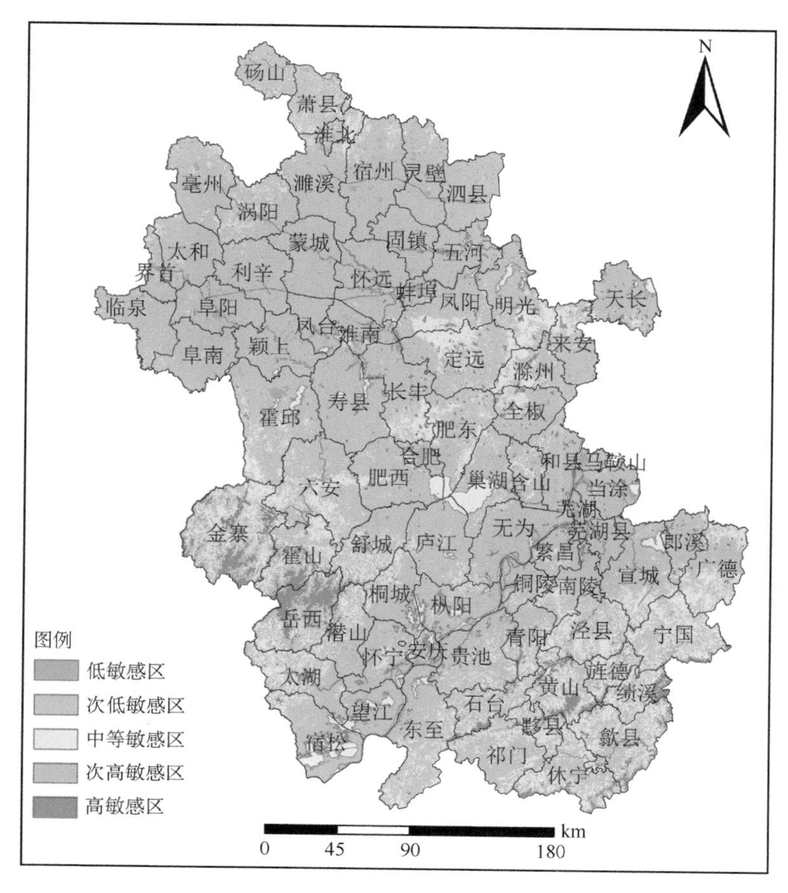

图6.41　安徽省低温冷冻害孕灾环境敏感性指数分布

从图 6.41 可见，高敏感区及次高敏感区主要位于该省的两大山区，即大别山区与皖南山区，中等敏感区主要为海拔相对较低的山地和丘陵地区，次低敏感区主要为该省的平原地带，而低敏感区主要位于近水体的地区，如该省的沿淮、沿江一线、巢湖等。说明近水体地区不易遭受低温灾害，而高山地区则相反。

6.5.4　承灾体易损性评估与区划

易损性表示承灾体整个社会经济系统，包括人口、农业、GDP 等，易于遭受低温威胁和损失的性质和状态。考虑到低温冷冻灾害主要是对农作物的生长发育造成影响，因此，本书中承灾体易损性指数以不同低温类型发生时在地农作物的播种面积作为研究指标。具体地，倒春寒承灾体易损性指数，以倒春寒发生时安徽省在地生长作物为小麦、油菜及水稻，其指标即为上述三类作物的播种面积之和。小满寒和秋分寒以水稻播种面积作为指标。冻害以小麦和油菜播种面积之和作为指标。然后，在 GIS 平台中利用基于台站的承灾体易损性指数，采用空间分析模块中转化工具(Convert)，将基于台站的矢量数据转化为 500 m×500 m 的栅格数据，并将不同低温类型的承灾体易损性指数各划分为 5 个等级，得到不同低温类型的承灾体易损性区划图(图 6.42)。

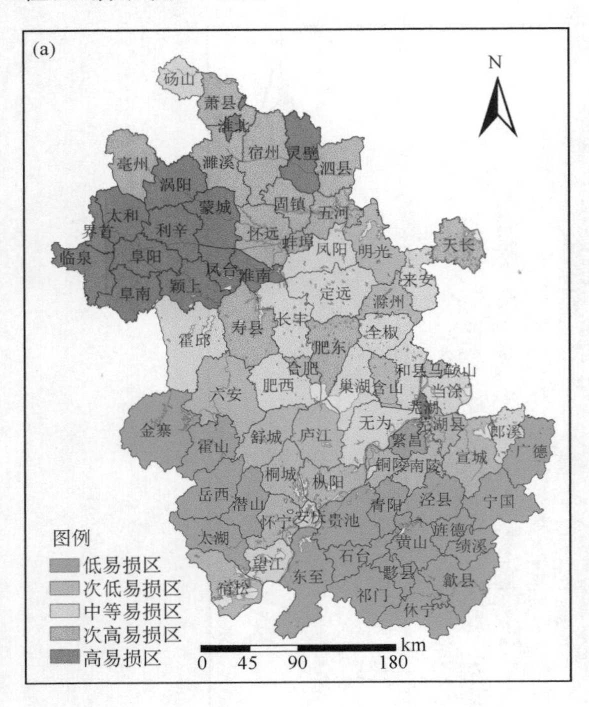

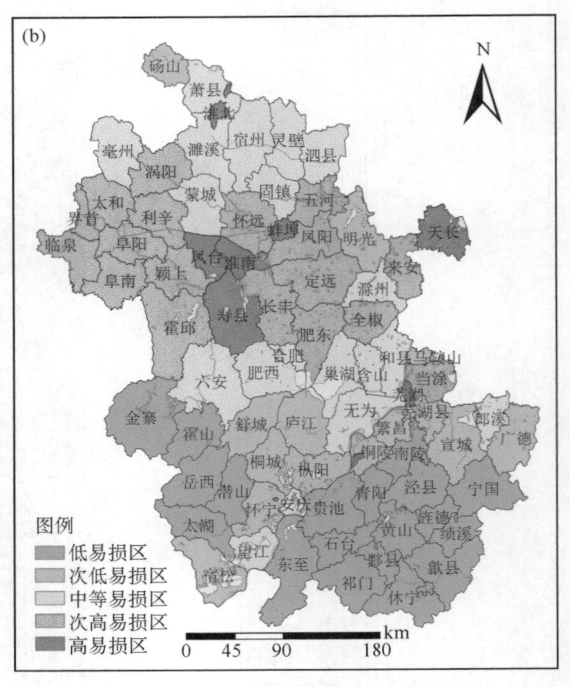

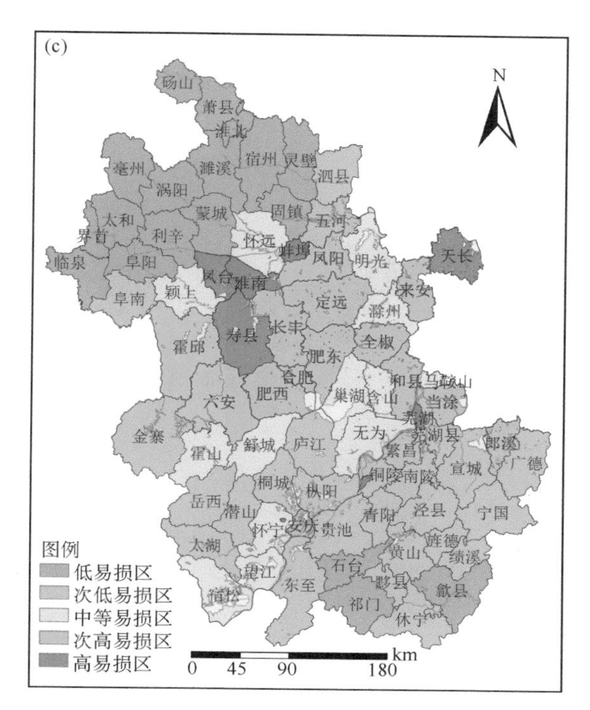

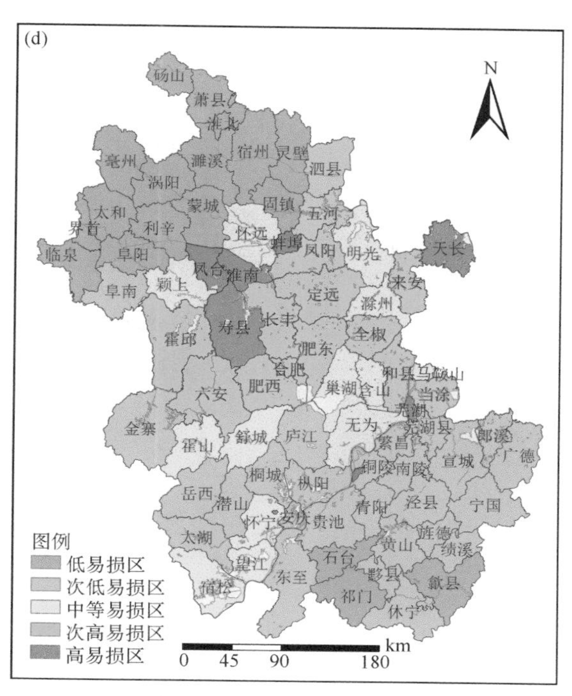

图 6.42　安徽省冻害(a)、倒春寒(b)、小满寒(c)及秋分寒(d)承灾体易损性指数分布

结果表明：冻害高易损区主要为皖北平原，该区域为安徽省冬小麦及油菜的主产区，而该省大别山区及长江以南地区一般不播种冬小麦及油菜，其他地区的冬小麦及油菜播种面积介于两者之间。倒春寒高易损区主要位于安徽的平原地区，该区域为安徽省粮食及油料作物的主产区。小满寒与秋分寒易损区为水稻产区，主要位于安徽省淮河以南地区，其中皖中为主要产区。

6.5.5　抗灾能力评估与区划

上述区划仅是从低温灾害的发生及影响的角度来评估灾害风险，然而灾害发生时人的主观能动性以及防灾减灾措施常常也是不可忽视的重要因素，因此，抗灾能力的强弱是灾害风险评估不可或缺的因子。本书在抗灾能力分析中主要考虑人均 GDP 来表征一个地区的经济发展水平，人均 GDP 越大，表明该地经济发展水平越高，抗灾能力越强；反之亦然。采用与承灾体易损性指数相同的处理方法得到抗灾能力区划图(图 6.43)。可以看出：安徽省低抗灾能力区主要位于该省北部、沿淮、大别山区及江淮之间西南部地区，而皖中东部及皖南大部地区抗灾能力较强。

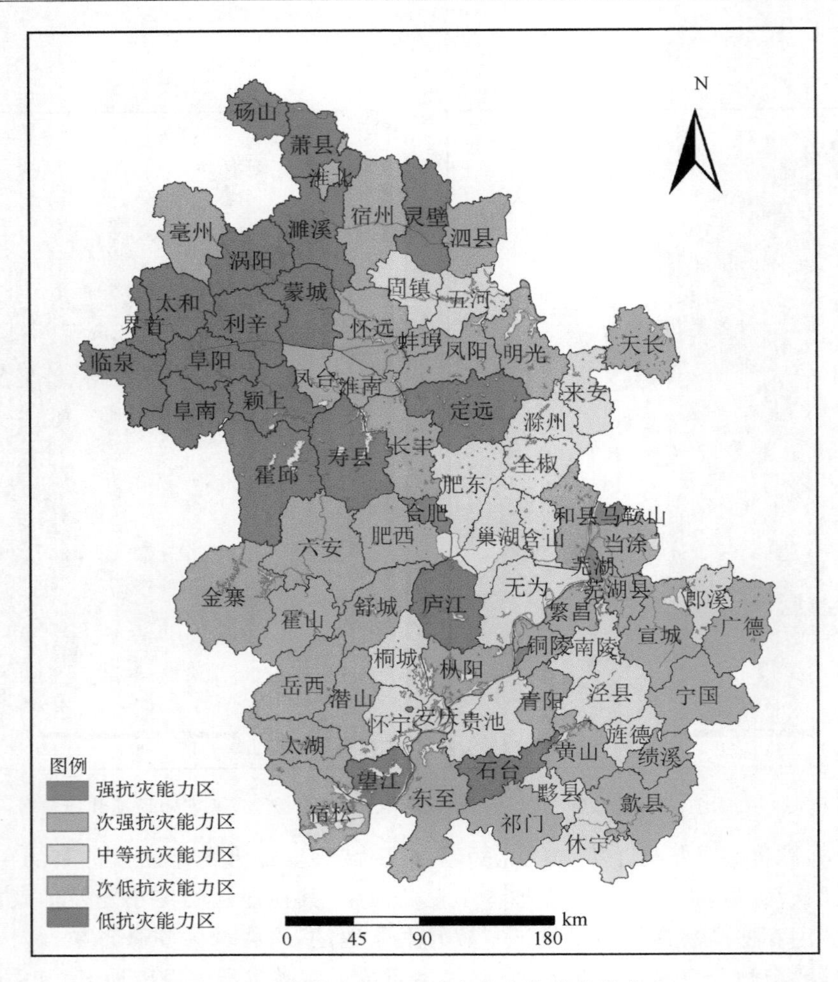

图 6.43　安徽省低温冷冻害抗灾能力指数分布

6.5.6　低温冷冻灾害风险区划

低温冷冻灾害风险是致灾因子危险性、孕灾环境敏感性、承灾体易损性和抗灾能力 4 个因子综合作用的结果。经征求有关专家意见，对 4 个因子分别取 0.4、0.3、0.2、0.1 的权重系数，利用 GIS 平台的多层面复合分析方法，根据式(3.4)给出不同低温类型的风险指数，将其划分为 5 个等级，得到不同低温类型的低温灾害风险区划图(图 6.44)。

可以看出：不同低温类型的高风险区多集中在安徽省中北部及两大山区，这些区域一般都是致灾高危险区，孕灾环境高敏感区，承灾体高易损区，低抗灾能力区。而低风险区主要集中在近水体及城市的地区，近水体区如该省的沿江一带、巢湖等，近城市区域如合肥、马鞍山、宣城等地。上述区域一般都是致灾低危险区，孕灾环境低敏感区，承灾体低易损区，也多是抗灾能力较强地区。

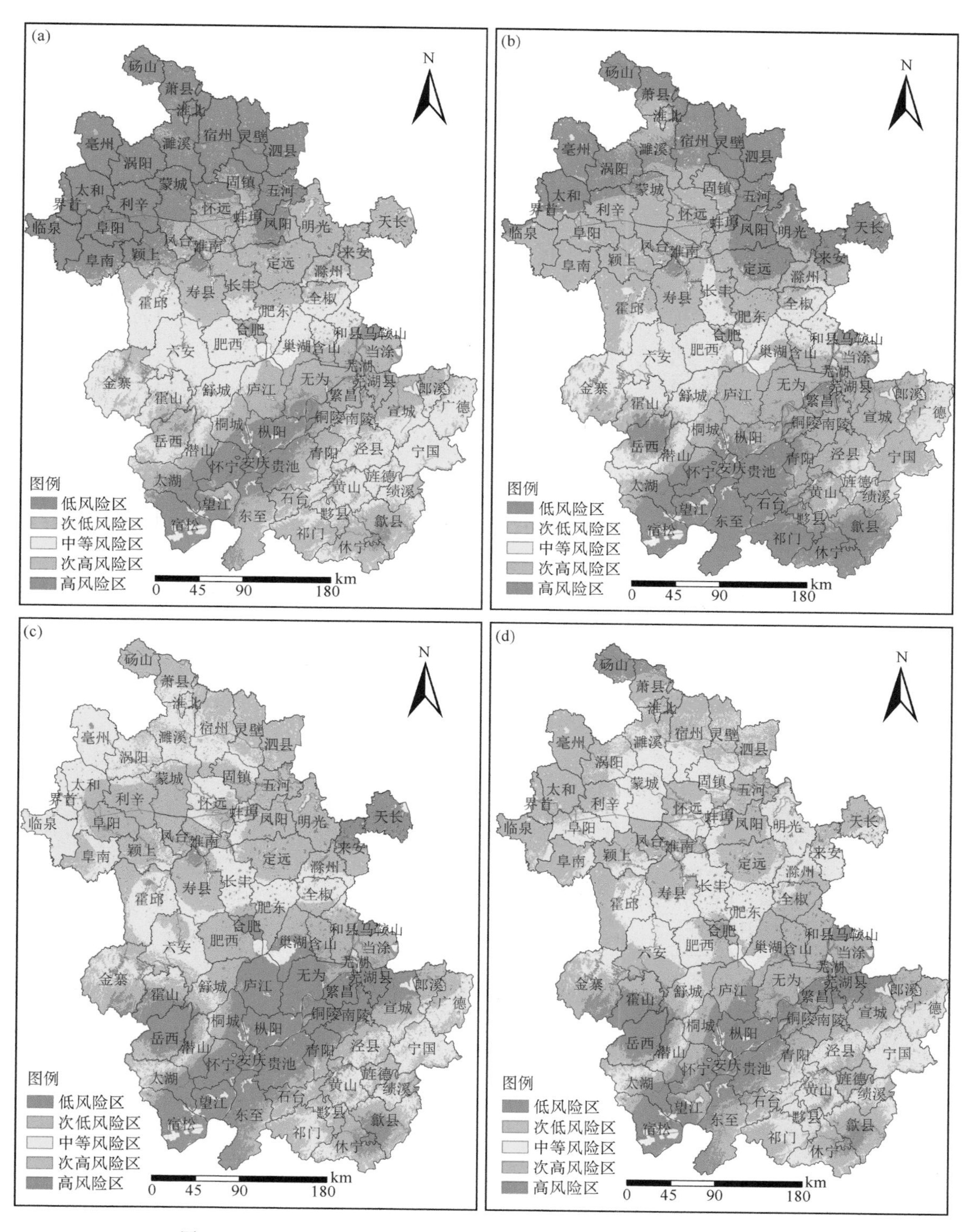

图 6.44　安徽省冻害(a)、倒春寒(b)、小满寒(c)及秋分寒(d)风险区划

在得到不同低温类型的风险指数基础上，利用空间分析模块中的多层面复合分析方法，根据式(3.3)，对安徽省4种低温类型的风险指数进行加权综合，其中冻害、倒春寒、小满寒及秋分寒权重系数，根据其在安徽省的实际发生情况，结合专家意见，分别取0.6、0.2、0.1、0.1，得到了低温冷冻灾害的综合风险指数，并将其划分为5个等级，得出安徽省低温冷冻灾害综合区划图(图6.45)。

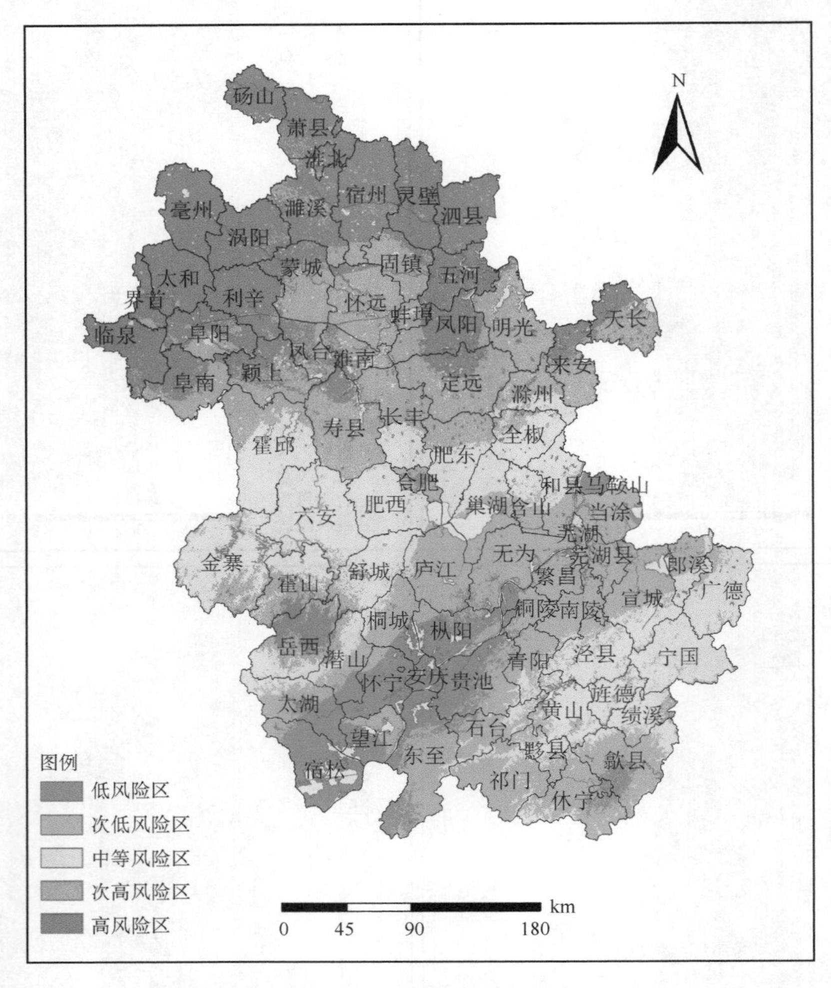

图6.45　安徽省低温冷冻灾害综合区划

6.5.7　区划结果验证

利用安徽省气象灾害普查数据库中涉及低温冷冻灾害的受灾面积数据，根据式(3.1)对该数据进行归一化处理，得到了安徽省低温冷冻灾情分布图(图6.46)，并与模型区划结果进行对比验证，以证实区划结果的合理性。同时，利用GIS平台arc tool box工具箱中的提取模块(extraction)，提取了基于安徽省县级行政区域内的低温风险综合指数，并用该指数与实际的灾情数据进行相关分析。

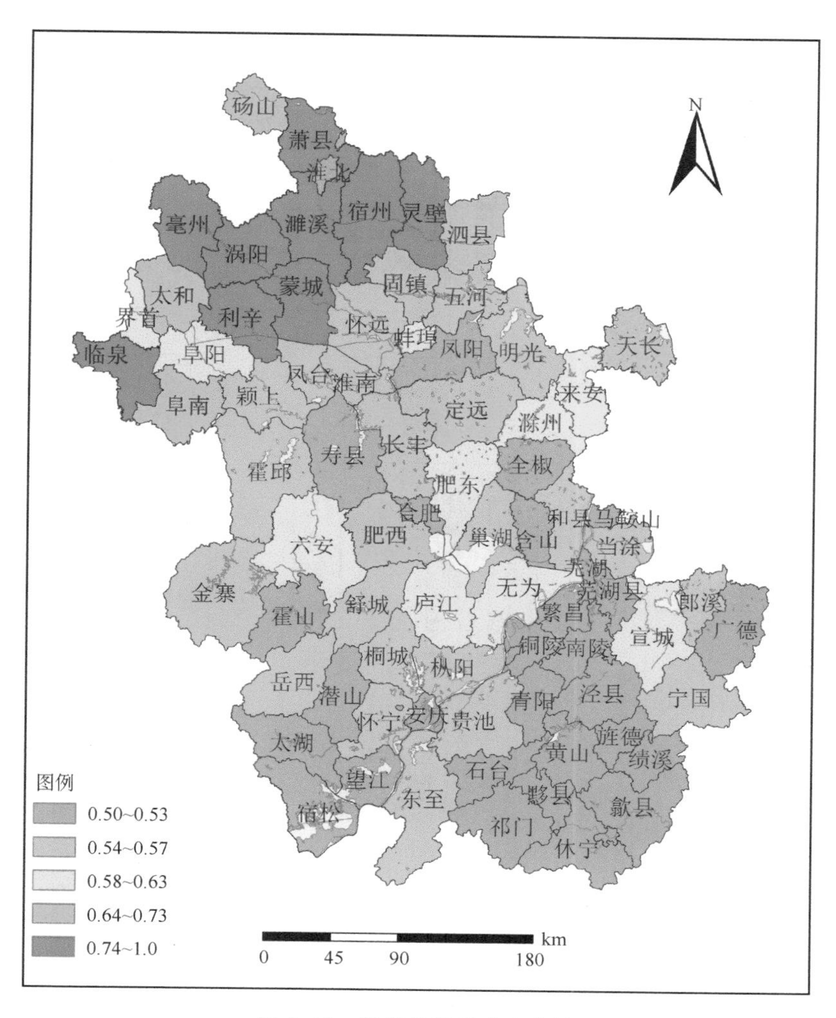

图 6.46 安徽省低温冷冻灾情

结果表明:低温灾害高风险区与实际发生情况基本一致,主要集中在皖北地区。低风险区也基本上与实际发生情况一致,主要集中在近水体及城市周边。相关分析显示,综合风险指数与实际灾情的相关系数达0.64,呈极显著相关($\alpha=0.01$)。但是,安徽省大别山区、沿淮地区及皖南中部的风险程度与实际发生情况不一致,区划结果偏重。说明本书低温灾害风险评价指标、权重系数、评价模型及区划结果,虽局地存在差异,但整体上是比较合理,与实际发生情况基本吻合。

6.6　雷电灾害风险区划

6.6.1　技术路线

安徽省雷电灾害风险区划技术流程如图 6.47 所示。

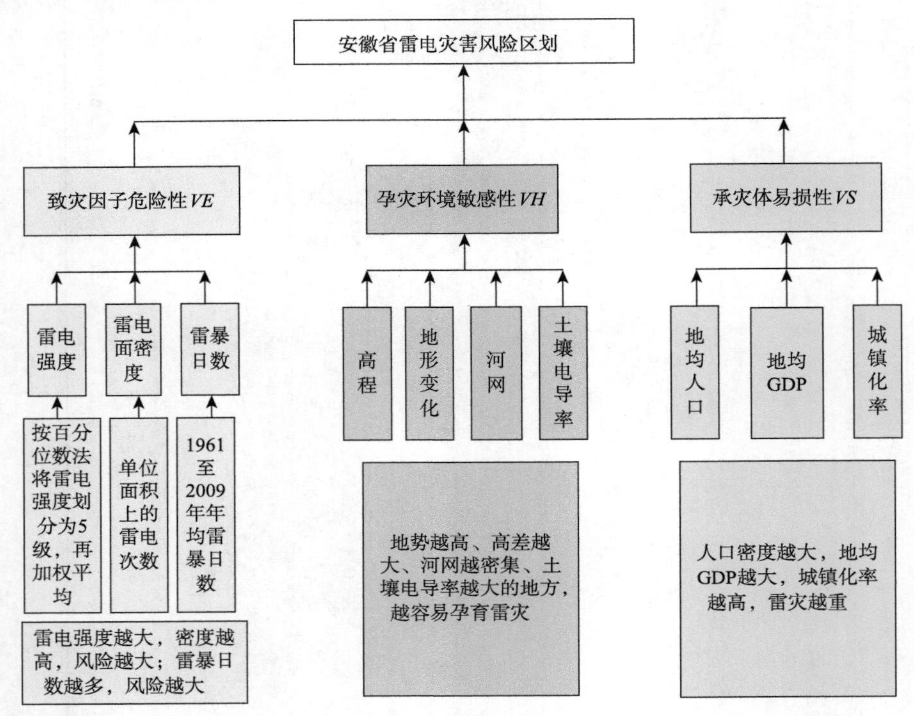

图 6.47　安徽省雷电灾害风险区划技术流程

6.6.2　致灾因子危险性评估与区划

雷电强度越大，面密度越高，风险越大；此外，雷暴日数越多，风险越大。综合考虑雷电强度、雷电面密度及雷暴日数三个方面因素得到雷电灾害致灾因子危险性分布，由于安徽省雷电强度仅有 4 年的资料，随机性较大，而雷电面密度及雷暴日数有近 50 年的资料，资料稳定性及可靠性较高，因此，雷电面密度、雷暴日数及雷电强度三者的权重分别为 4∶4∶2，先将其归一化再加权综合，即致灾因子＝雷电面密度×4＋雷暴日数×4＋雷电强度×2。之后利用 Kriging 法将站点致灾因子指数插值成全省范围的栅格面状数据，以供后续不同因子层的叠加运算，最后采用 GIS 中自然断点分级法，将致灾因子危险性指数按 5 个等级进行分级区划，得到安徽省雷电灾害致灾因子危险性指数分布图(图 6.48)。由图可知：安徽省雷电致灾因子高危险区主要在皖南南部地区，次高危险区分布在沿江西部及江南中部，而大别山区、沿江江南东部地区则为中等危险区，次低危险区主要分布在沿淮、江淮之间北部及中东部地区，低危险区主要分布在淮北地区。

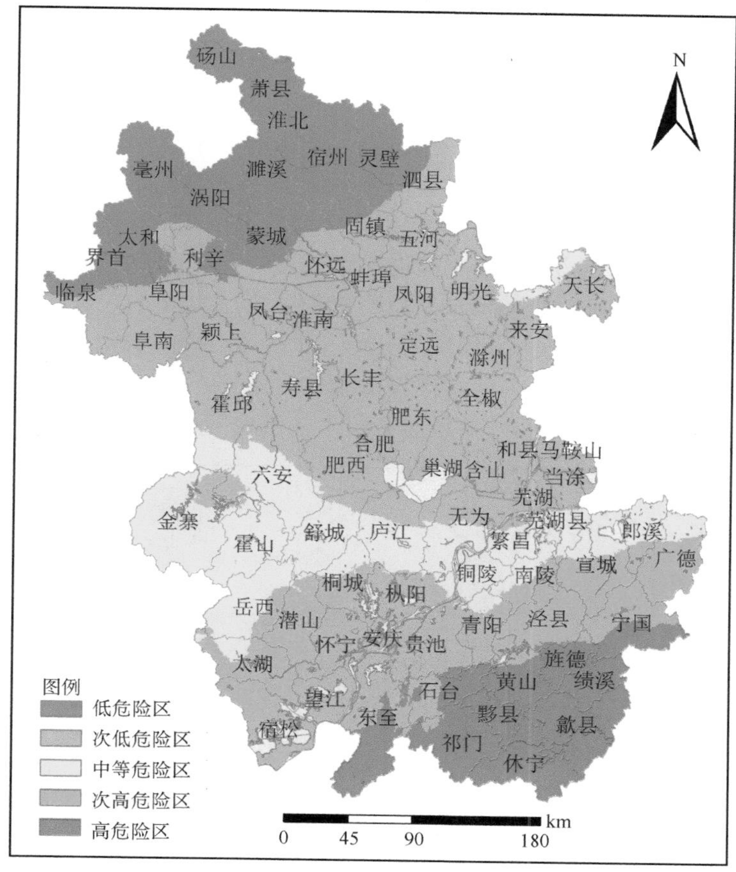

图 6.48 安徽省雷电致灾因子危险性指数分布

6.6.3 孕灾环境敏感性评估和区划

针对雷电灾害发生的特点,其主要与地形(海拔高度、地形标准差)、水系以及土壤电导率等环境要素有关。地形对雷电灾害的影响主要体现在海拔高度及地形标准差,地势越高、高差越大,越容易孕育雷灾;而地势较低,地形平缓的地区则不容易发生雷电灾害。本书根据安徽省数字地面高程,在GIS中将全省海拔分为4级,按海拔越高,其影响值越大的原则进行赋值;将地形标准差分为3级,标准差越大,影响值也越大,地形因子赋值见表6.10。

表6.10 地形因子赋值表

地形高程(m)	高程标准差(m)		
	一级(≤1)	二级(1,10)	三级(≥10)
一级(≤100)	0.4	0.5	0.6
二级(100,300)	0.5	0.6	0.7
三级[300,700)	0.6	0.7	0.8
四级(≥700)	0.7	0.8	0.9

水系对雷电灾害的影响主要是因为自然水体是电导体，有水体或是距离水体较近的地方容易发生雷灾。水系影响指数的赋值主要通过分析河流缓冲区和河网密度来实现。河网越稠密，距离河流、湖泊、大型水库等水体越近的地方遭受雷电灾害的风险越大。水系影响指数＝河网密度×0.5＋河流缓冲区×0.5，求得水系影响指数，其值越大表示越容易遭受雷电灾害。

土壤电导率是表征土壤导电能力强弱的指标，土壤电导率越大，该区域越容易孕育雷灾，电导率越小，该区域则不容易引发雷灾。分析表明：安徽省土壤电导率较高的地区位于沿淮淮北，其次为江淮之间北部及中东部地区，而大别山区和皖南山区的土壤电导率相对较低。

将地形影响指数、水系影响指数及土壤电导率经归一化处理后，再等权重加权平均，即孕灾环境敏感性指数＝(地形影响指数＋水系影响指数＋土壤电导率)/3，计算得到各格点孕灾环境的敏感性指数。利用自然断点分级法划分为5个等级(高敏感区、次高敏感区、中敏感区、次低敏感区和低敏感区)，如图6.49所示。安徽省雷电灾害孕灾环境高敏感区主要分布在大别山区、皖南山区及沿江东部地区，中等敏感区位于江淮之间中部及北部，低敏感区位于淮北。

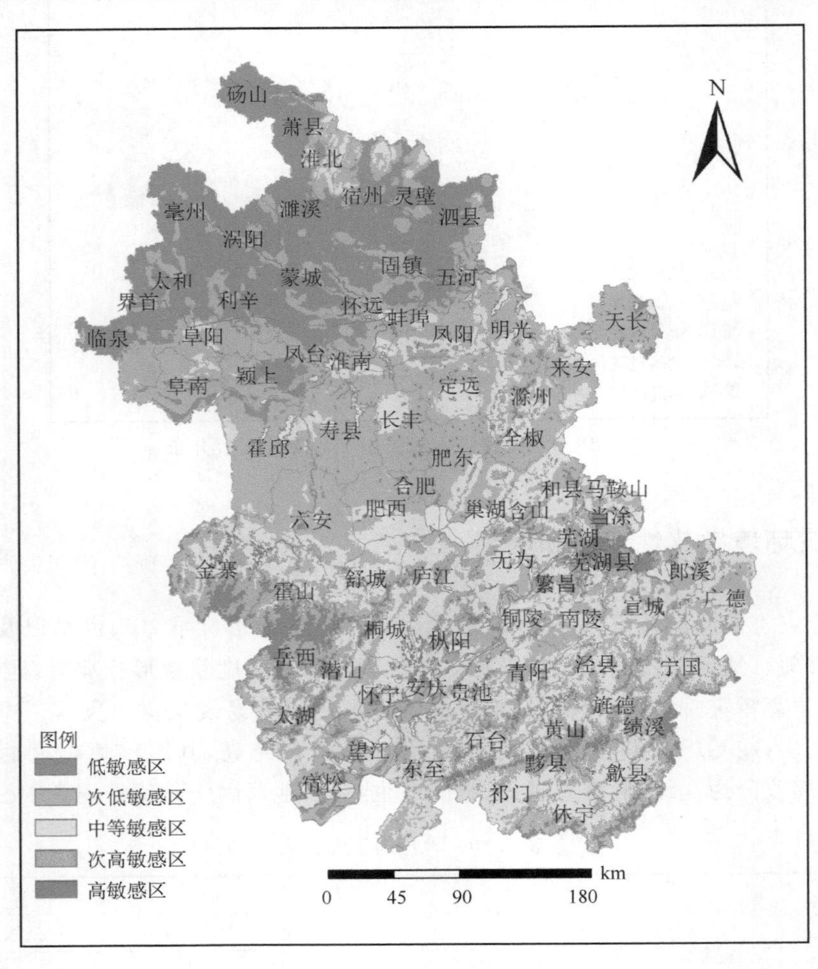

图 6.49　安徽省雷电孕灾环境敏感性指数分布

6.6.4　承灾体易损性评估与区划

随着国民经济的快速增长以及人民生活水平的不断提高，雷电带来的危害日益凸显，常造成严重的经济损失和人员伤亡，雷电造成的损失常与地方人口、地方经济以及城镇化率水平有关，因此，雷电灾害承灾体易损性的评估重点考虑了地方人口（地均人口）、地方经济（地均 GDP）及城镇化率等三方面因素，上述三种指标均以县级行政单元为基础进行统计。安徽省高人口密度地区主要集中在城市，皖北包括阜阳和亳州地区人口也较密集，而大别山区和皖南山区人口密度相对较低。经济密度较高的地区主要位于城市市区，大别山区和皖南山区经济密度相对较低。城镇化率较高的地区主要位于城市市区，而淮北大部地区及沿江西部的城镇化率相对较低。

将上述三个指标归一化后再进行等权重相加，即承灾体易损性＝（地均人口＋地均 GDP＋城镇化率）/3，计算得到各市县的承灾体易损性指数（图 6.50）。由图可见，高易损区主要位于城市区域，中等易损区主要位于沿淮淮北中西部及合肥以南中东部地区，而江淮之间西北部、大别山区、沿江西部及皖南山区部分地区易损性相对较低。

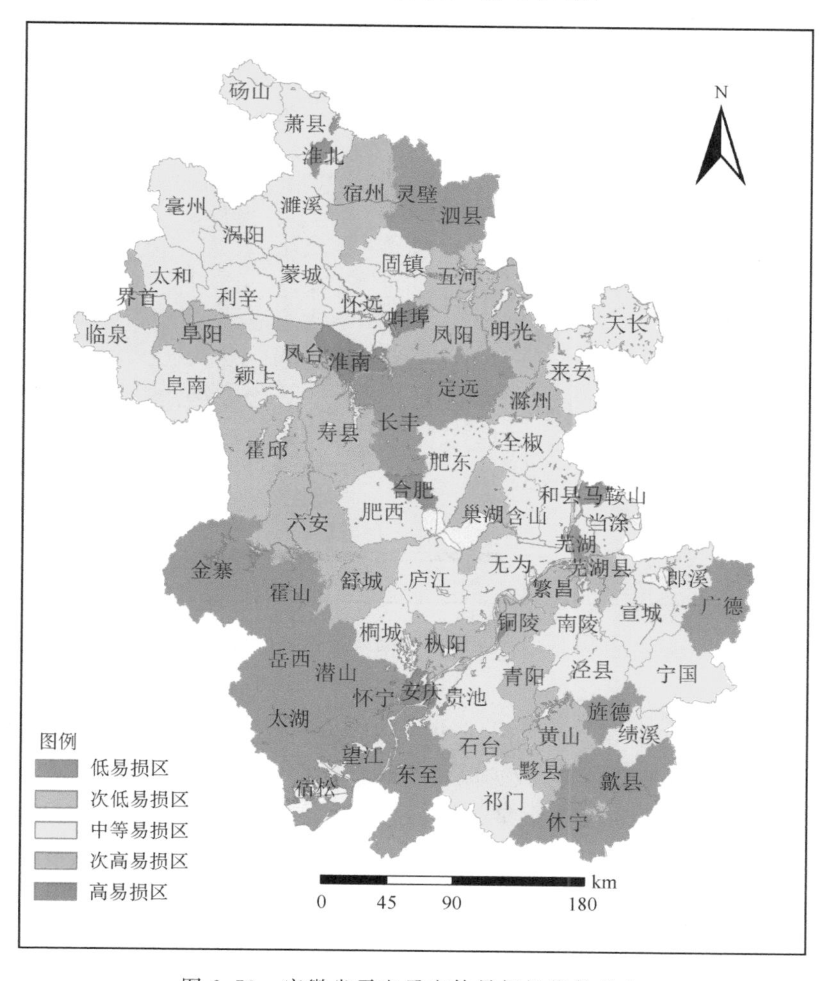

图 6.50　安徽省雷电承灾体易损性指数分布

6.6.5　雷电灾害风险区划

雷电灾害风险是致灾因子危险性、孕灾环境敏感性、承灾体易损性三个因素综合作用的结果。经征求有关专家意见以及和历史灾情对比，最后取等权重进行计算。利用自然断点分级法将全省划分为雷电灾害高风险区、次高风险区、中等风险区、次低风险区和低风险区(图 6.51)。

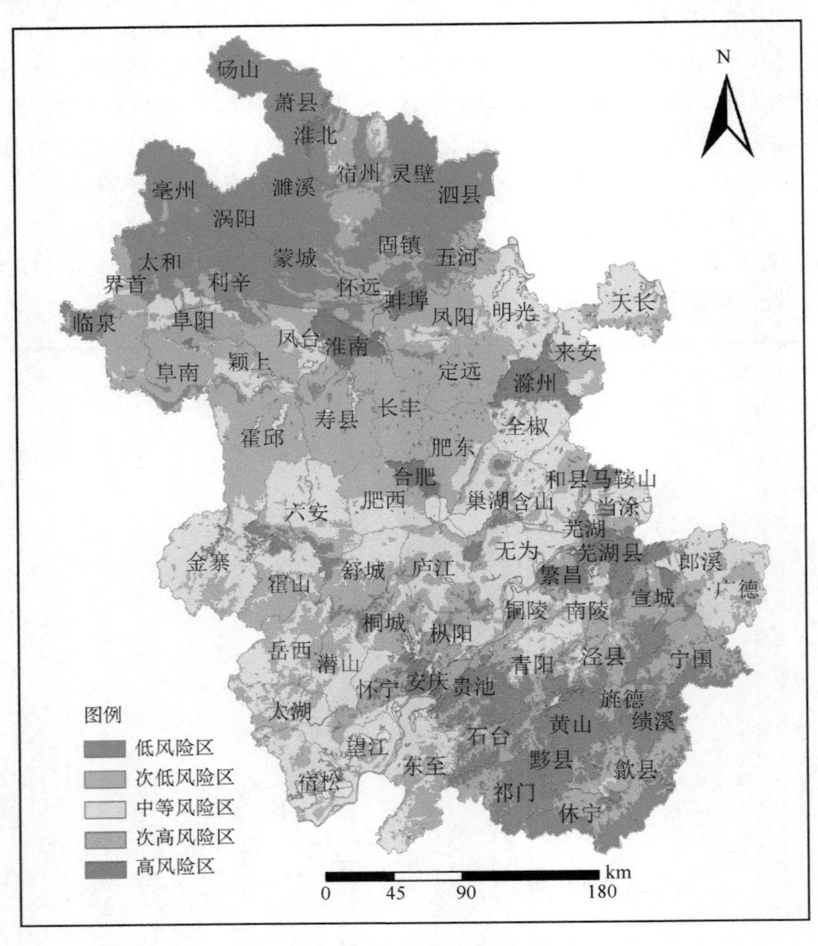

图 6.51　安徽省雷电灾害风险区划

各区评述如下：

高风险区：主要位于合肥市、安庆市、芜湖市、马鞍山市等经济水平较高城市及皖南山区高海拔地区。这些区域雷暴日数较多，致灾因子为高危险区，海拔较高，地形起伏大，孕灾环境为高敏感区，并且人口相对较多，经济水平较高，城镇化率高，为雷电灾害的高易损区。综合来看，雷电灾害风险为最高。

次高风险区：主要位于大别山区、江南中南部大部分地区。这些区域雷暴日数相对较多，致灾因子为高或次高危险区，海拔较高，地形起伏大，孕灾环境为高敏感区，但人口相对较少，经济水平不高，为雷电灾害的低易损区。总体来看，雷电灾害风险为次高。

中等风险区：主要位于江淮之间西南部、沿江中西部及江南东部部分地区。这些区域致灾因子危险性中等偏强，孕灾环境敏感性中等偏弱，承载体易损性中等。总体来看，雷电灾害风险为中等。

次低风险区：主要位于沿淮地区、江淮之间中部及北部。这些区域雷暴日数一般，致灾因子危险性中等偏弱，海拔较低，孕灾环境敏感性较低，承灾体易损性中等偏强。总体来看，雷电灾害风险为次低。

低风险区：主要位于淮北大部分地区。这些区域雷暴日数最少，致灾因子危险性最小，海拔最低，地形变化小，孕灾环境敏感性最低，人口和经济一般，承灾体易损性中等。总体来看，雷电灾害风险为最低。

6.6.6　区划结果验证

为检验区划结果的优劣，需把区划结果与实际灾情作对比验证，为此收集整理了中国气象灾害大典（安徽卷）、安徽省气象灾害普查数据库、安徽省民政厅灾情数据及安徽省志（气象志）中有关安徽省雷电灾害的灾情记录共 793 条记录。雷电灾害风险综合区划与雷电历史灾情对比如图 6.52 所示，由图可见，综合区划结果与雷电历史灾情对应较好，基本能反映雷灾实际情况，灾情较重的地区主要位于经济水平较高的城市以及皖南山区。

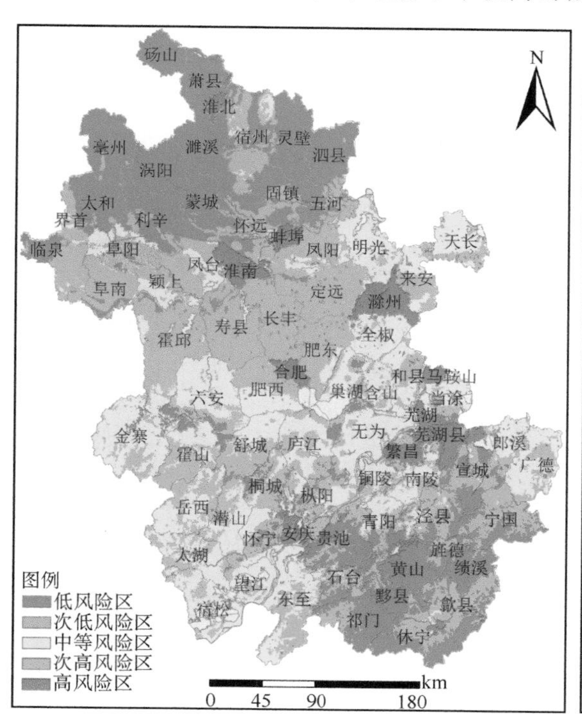

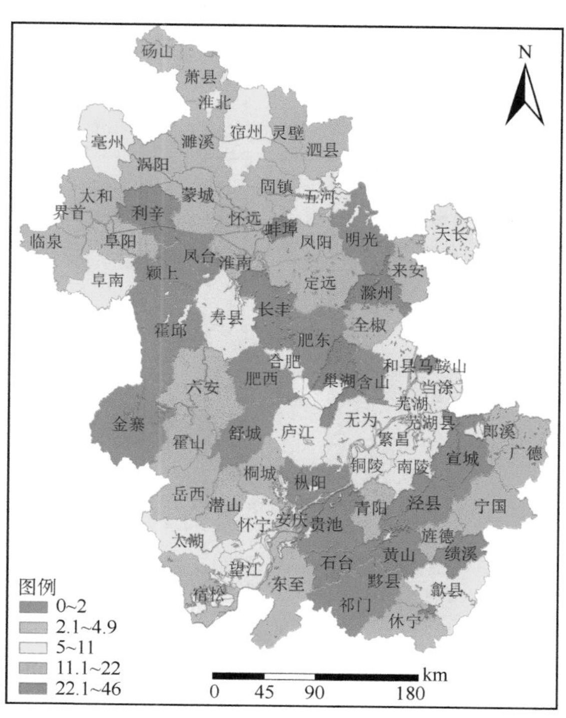

图 6.52　安徽省雷电灾害风险区划（左）与历史灾情（右）对比图

此外，把各市县的雷电灾害频次与雷电综合区划风险值作散点相关分析（图 6.53），相关系数为 0.31，通过 99% 的显著性检验，即雷电历史灾情与综合区划结果通过了极显著相关性检验。

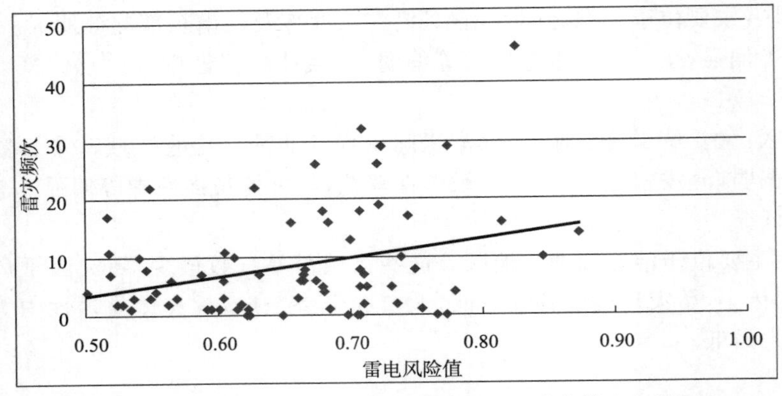

图 6.53 雷电灾害频次与雷电综合区划风险值散点相关图

6.7 冰雹灾害风险区划

6.7.1 技术路线

安徽省冰雹灾害风险区划技术流程如图 6.54 所示。

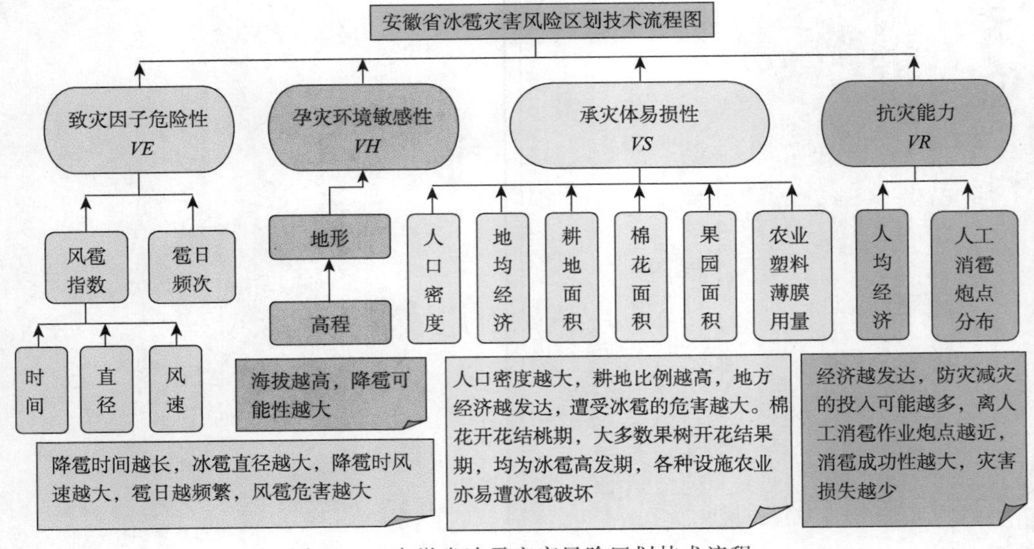

图 6.54 安徽省冰雹灾害风险区划技术流程

6.7.2 安徽省冰雹灾害风险区划数据库及案例库建设

与常见的温度、降水灾害相比，冰雹风险区划的瓶颈之一是观测资料的匮乏。安徽省冰雹观测资料记录稀少、质量较差、信息化程度低。

记录稀少：因为冰雹天气的中小尺度特征，局地性很强，有时发生在偏远的乡镇而并非发生在气象站点上，气象台站并未观测到，故历史上可能存在漏记现象。经统计，1953—2009 年全省冰雹记录不到 800 条，样本总体偏小。

质量较差：①冰雹不像温度等要素是连续自动观测，后者有定量的观测值，而前者是作为一种天气现象在 A 文件中记录的，出现在气象站周边的冰雹，观测员一般会测量直径大小、直径超过 10 mm 的还要求称重。但不在测站周边的冰雹只有一些定性描述，如鸡蛋大小，黄豆大小等；②有关降雹持续时间的一些记录也存在问题，如降雹持续 5 个小时，显然不合理；③有的冰雹记录过于简单，如只记录最大直径，而无其他气象要素的记录且缺乏相应的灾损。

信息化程度低：冰雹的详细描述如大小、重量、造成的损失等记录在 A 文件的纪要栏中。而安徽省 2000 年以前的 A 文件文字部分尚未信息化，需要翻阅月报表去摘录，这部分工作量巨大。

针对这些问题，通过将这部分资料信息化，并完成冰雹记录的整理分类。具体如下：针对冰雹大小记录不定量的问题，通过比较分析，将一些定性描述转换成定量数据，如"鸡蛋大小"转换为 50 mm，"鹌鹑蛋"转换为 20 mm，"花生米"转换为 10 mm，"绿豆"转换为 5 mm 等。针对部分持续时间错误，通过信息化后的资料与相关的历史文献进行对照核实，进行修正。然后根据地面气象观测规范中规定，一天内只要出现冰雹天气，无论次数和时间长短均记为 1 个雹日。并充分利用灾情普查数据、气象灾害年鉴、气象志、相关文献等信息，对冰雹灾害数据进行补充和完善，完成了冰雹灾害风险数据库的建设，具体数据源有以下三部分：

①台站及其周边的冰雹观测记录，一般情况下均会记录冰雹发生的起止时间、冰雹的最大直径、平均重量、伴随灾害基本情况以及造成的损失等数据。全省所有台站建站至 2009 年共 794 个雹日，其中 552 个雹日在月报表的纪要栏较为详细的描述。

②由气象出版社出版的《中国气象灾害大典 · 安徽卷(1951—2000)》《中国气象灾害大典 · 安徽卷(2001—2005)》两本书中关于各县市冰雹记录对台站观测记录进行扩充，各县市合计 1190 个雹日，资料时间为 1951—2005 年。

③2006—2009 年扩充台站雹日记录 95 条，来自安徽省气候中心编写的气象灾害年鉴。

三部分资料合计为 2079 雹日，其中 619 个雹日记录了发生起止时间(精确到分钟)，868 个雹日记录了冰雹持续时间(同一个雹日多次发生的为合计时间)，707 个雹日记录了冰雹的最大直径(其中约 230 个雹日记录为约测或是定量描述，对这部分数据进行了定量转化)，676 个雹日记录了冰雹发生时候的阵风等级(部分为根据起止时间反查月报表资料获得)，具体见表 6.11。

表 6.11　安徽省冰雹数据说明

冰雹总日数(合计)	2079	冰雹直径定量化处理	230
A 文件记录雹日	794	持续时间	868
扩充灾害大典雹日	1190	冰雹直径	707
扩充灾害年鉴雹日	95	风等级	676
信息化 A 文件纪要栏	552	时间＋直径	598
A 文件有起止时间	619	时间＋直径＋风	477

此外，针对冰雹发生及产生危害的特点，收集了高程(DEM)、水系等基础地理信息和果园、棉花、设施农业、人口、GDP、灾情等统计数据。其中安徽省 1 ∶ 50000 地理信息数据来自国

家气象信息中心，本书主要使用了安徽省行政区划等数据；各市县的人口、GDP、耕地面积、果园面积、农用塑料薄膜使用量等数据取自安徽省统计年鉴（1978—2009 年）；各市县 1984—2009 年风雹灾损资料，包括冰雹造成的受灾人口、受灾面积、直接经济损失、农业经济损失等来自安徽省民政厅及安徽省灾情普查数据库。

6.7.3 致灾因子危险性评估与区划

为了描述冰雹灾害的强度，人们通常将冰雹分为弱、中、稍强、强、特强等几个等级。一般情况下，风雹致灾程度与冰雹直径（d）、降雹时间（h）和降雹时阵风（f）有关。为量化风雹致灾程度，本书定义一个风雹指数，该指数是由致灾的 3 个因子，即冰雹直径、降雹时间和降雹时阵风，根据它们的多年平均值进行无量纲化处理，然后换算成规范化指数，利用线性函数关系求出灾害指数[式(5.5)]，最后参照灾害预警工程的方法利用风雹指数来划分等级。

风雹指数偏重于针对一次过程的评估，而各地冰雹总的发生日数也是致灾因子的重要部分，两者应该结合考虑。从样本数量上看，风雹灾害指数所用的样本不足四分之一，尚有大量样本没有使用。因此，在考虑致灾因子危险性上将两者综合考虑。

首先，将各地雹日进行归一化处理，然后与风雹指数危险度等权重相加，并归一化，从而得到各地的冰雹致灾因子危险性指数（图 6.55）。由图可知，致灾因子的危险性较高地区集中在淮北东部地区，以泗县、灵璧等地为最，而低值区主要在沿淮及江淮之间中部，如淮南、长丰等地。

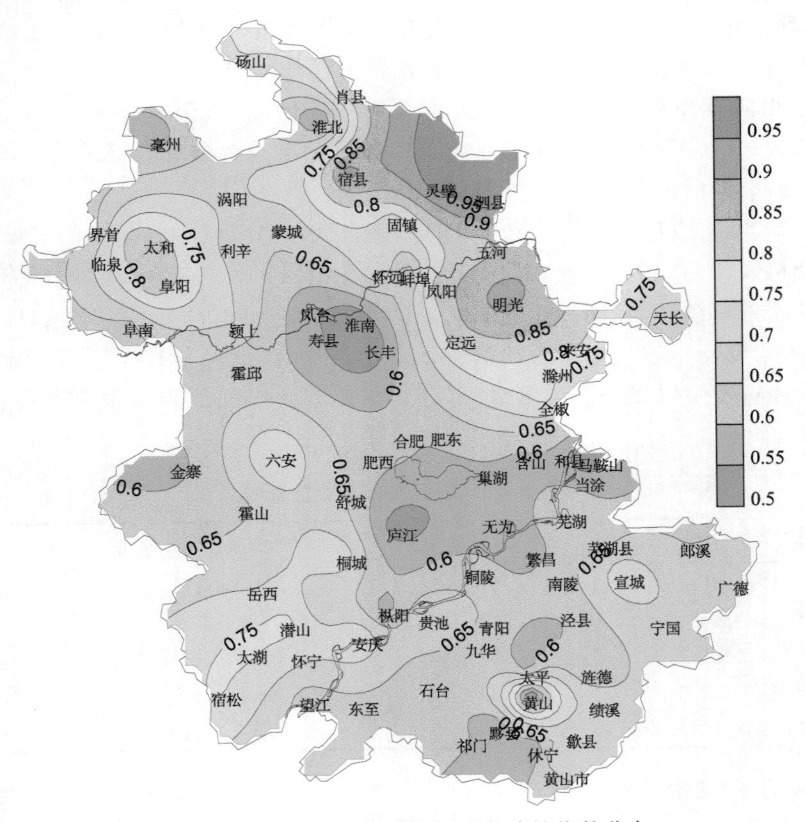

图 6.55 安徽省冰雹致灾因子危险性指数分布

6.7.4 孕灾环境敏感性评估与区划

通过分析表明，各地理地形因子中海拔高度与冰雹频次的相关程度高。因此我们选择海拔高度来作为冰雹灾害的孕灾环境因子，并给出了台站冰雹频次与海拔高度之间的线性回归方程。然后，采用自然断点法将全省高程分为5级，按高程越高越敏感进行赋值，如表6.12所示。据此表获得孕灾环境敏感性指数分布(图6.56)。

表6.12 海拔高度等级划分

分级	海拔范围(m)	指标值
一级	≤100	0.5
二级	(100,300)	0.6
三级	[300,500)	0.7
四级	[500,800)	0.8
五级	≥800	0.9

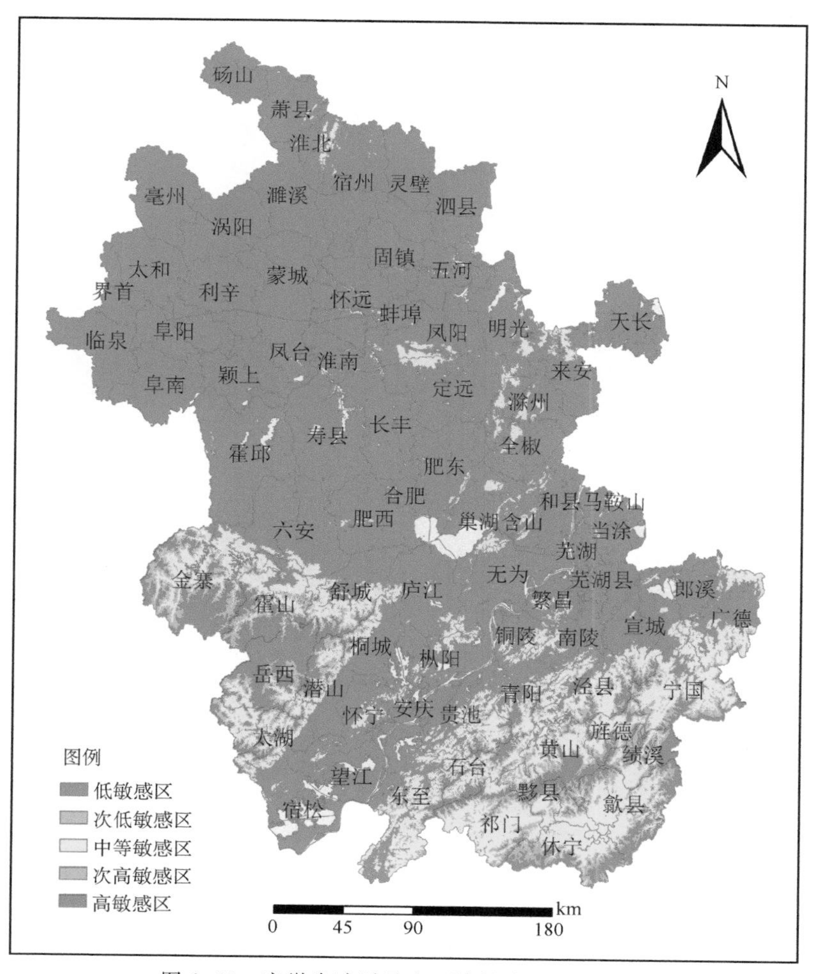

图6.56 安徽省冰雹孕灾环境敏感性指数分布

6.7.5 承灾体易损性评估与区划

致灾因子的危险性仅反映了冰雹可能产生的危害大小，而实际造成危害的程度还与承灾体的情况有关。同等强度的冰雹，发生在人口密集、经济发达的地区造成的损失往往要比发生在人口稀少、经济相对落后的地区大得多。本书重点考虑社会（人口）、经济（GDP）和农业（耕地）等三个方面，选用人口密度、地均 GDP、地均耕地（去掉棉花面积）、棉花面积、果园面积和设施农业（农业塑料薄膜用量来衡量）作为冰雹灾害的社会经济易损性指标，将其分别归一化，按照权重 1∶1∶2∶2∶2∶2，用加权综合法获得易损性指数（图 6.57）。从图中可见，高易损区集中在淮北地区，低易损区在皖南和大别山区。

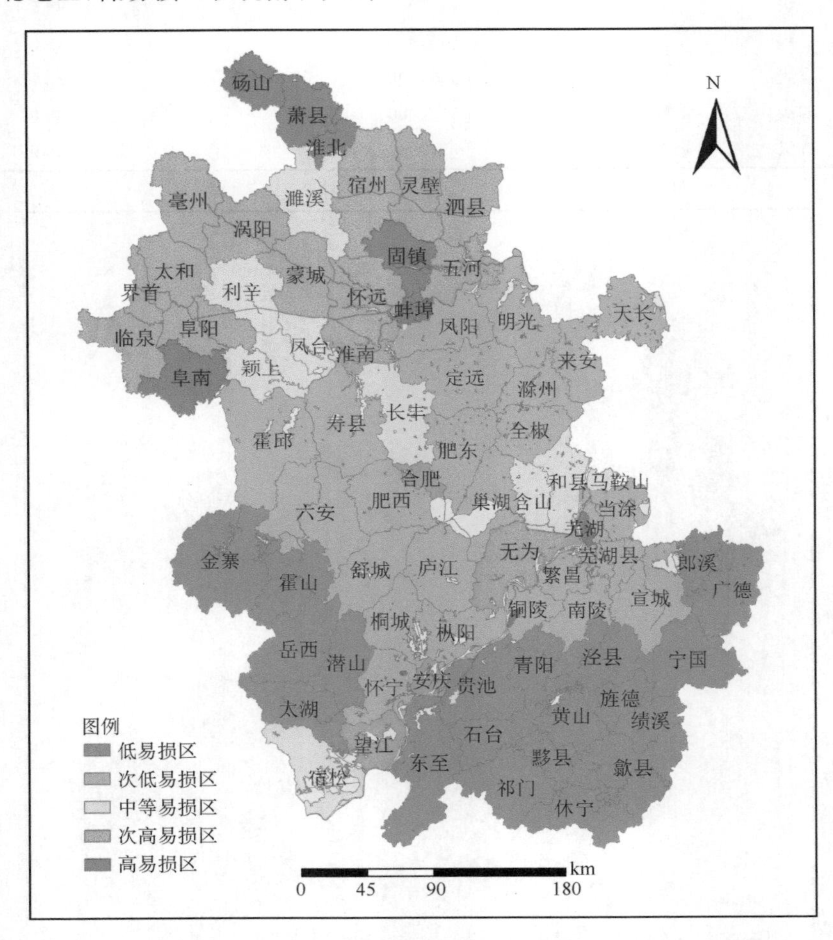

图 6.57 安徽省冰雹承灾体易损性指数分布

6.7.6　抗灾能力评估和区划

抗灾能力主要考虑地方经济发展水平和人工消雹措施对防雹减灾的潜在作用。根据全省人工消雹作业炮点分布及其作业范围，在炮点周围分别设定了 5 km、10 km 缓冲区，其权重设为 8：2，得到人工消雹措施对防雹减灾的潜在作用区划结果，然后与人均 GDP 区划结果等权重相加，得到了抗灾能力综合指数(图 6.58)。

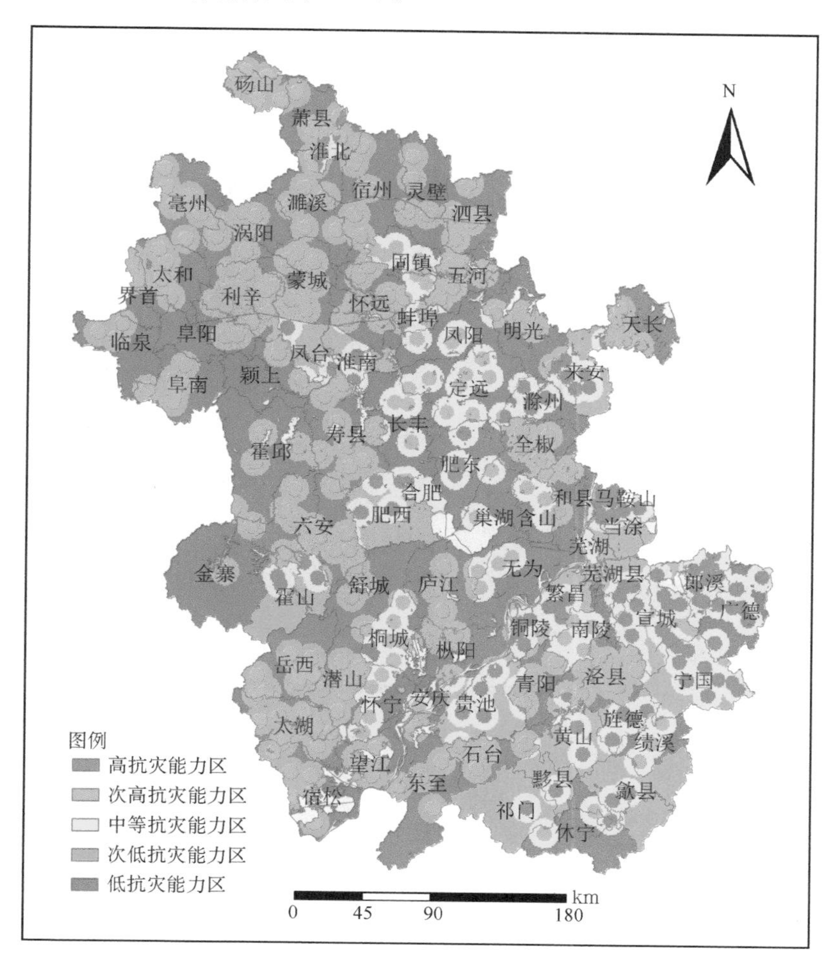

图 6.58　安徽省冰雹抗灾能力综合指数分布

6.7.7　冰雹灾害风险区划

结合致灾因子危险性指数、孕灾环境敏感性指数、承灾体易损性指数和抗灾能力指数，根据专家意见，分别给定权重 4：1：4：1，由式(3.4)采用加权综合法，得到安徽省冰雹灾害风险区划(图 6.59)。

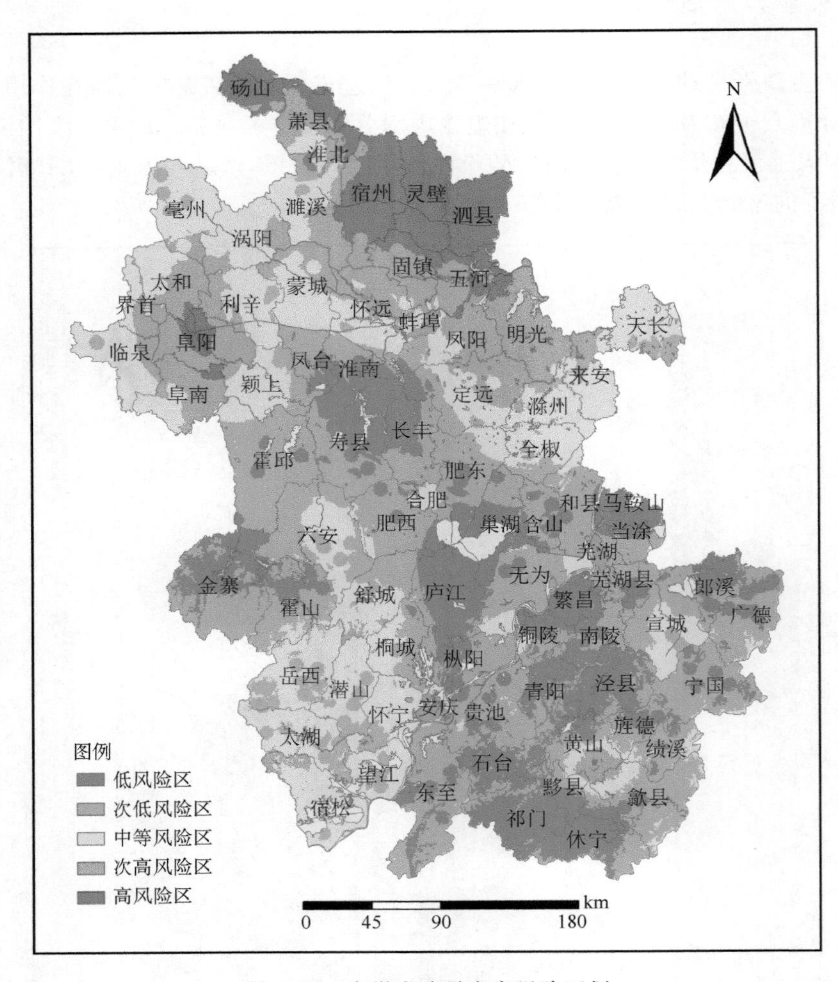

图 6.59　安徽省冰雹灾害风险区划

6.7.8　区划结果验证

6.7.8.1　基于灾情的区划结果验证

将风雹灾害导致的直接经济损失、农业经济损失、受灾人口及受灾面积，按照 1∶1∶1∶1 的权重系数，得到冰雹综合灾情指数(图 6.60)。

将综合灾情与区划结果作相关性分析(图 6.61)，结果表明：相关系数达 0.68，通过信度 0.01 检验，效果较好，说明区划合理。

6.7.8.2　基于对流云合并的区划结果验证

本书通过对 2001—2009 年夏季(6—8 月)安徽境内的 43 个冰雹强对流天气过程的分析，

发现其中有28个冰雹过程中存在对流云合并现象，占到了冰雹强对流过程的65%，说明两者之间存在明显的相关性。为了对风雹区划结果做进一步的验证，同时也是为了弥补地面观测资料的不足，且考虑到对流云合并在冰雹天气发生中的重要性。因此，本书用2001—2007年静止气象卫星红外分裂窗（10.5～12.5 μm）资料，包括GMS-5、FY-2B以及FY-2C三颗气象卫星数据和合肥多普勒雷达数据分析了安徽夏季对流云合并的空间分布（图6.62），结果表明：安徽省存在三个对流云合并高发区，其中两个与地形高度有关（皖南山区和大别山区），另一高发区位于江淮东部丘陵一带。其分布型与冰雹灾害高风险区基本吻合，进一步说明了冰雹风险区划结果是合理、可靠的。

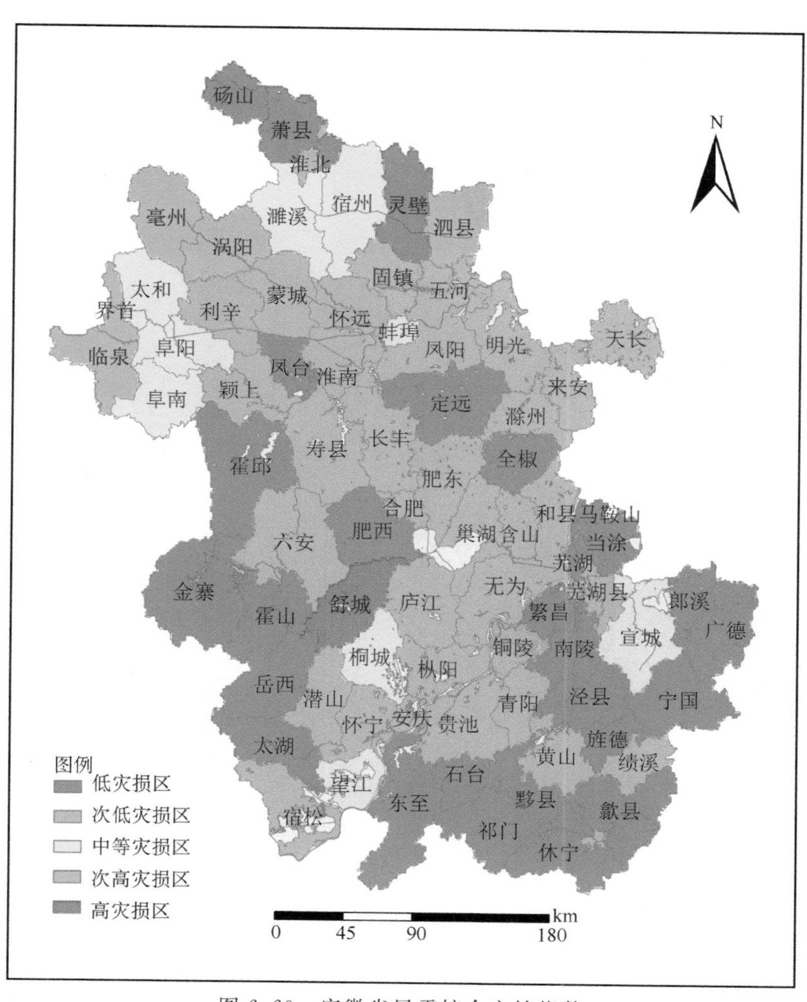

图6.60 安徽省风雹综合灾情指数

具体过程日期如下（红色所标日期为存在对流云合并的冰雹过程）：

2001年：7.22 7.23 7.24 7.25 7.26

2002年：7.16

2003年：6.02 6.05 6.06 6.07 6.08 6.19

2004年：7.05 7.06

2005 年：6.14　6.18　7.15　7.16　7.17

2006 年：6.10　6.22　6.27　7.12

2007 年：7.03　7.10　7.25　7.26　7.28　7.29　8.02

2008 年：6.03　6.20　7.01　7.04　7.06　7.09　7.23　7.27　7.28

2009 年：6.03　6.05　6.14　8.26

注：2003 年卫星数据质量较差，该年的分析结果存在一定的误差。在不考虑 2003 年情况下，两者吻合度将达 76%。

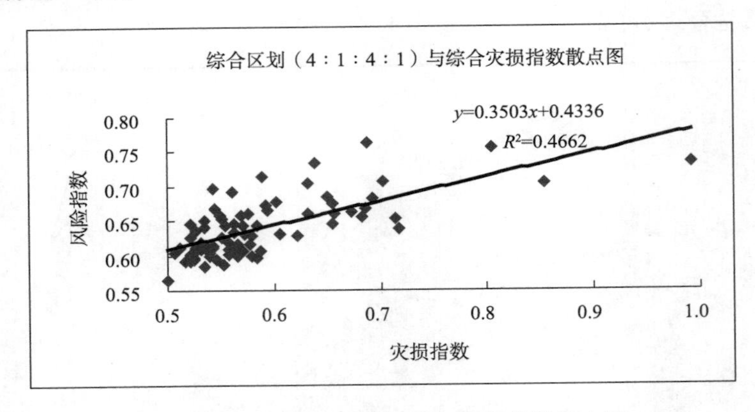

图 6.61　冰雹灾害风险指数与灾损指数散点图

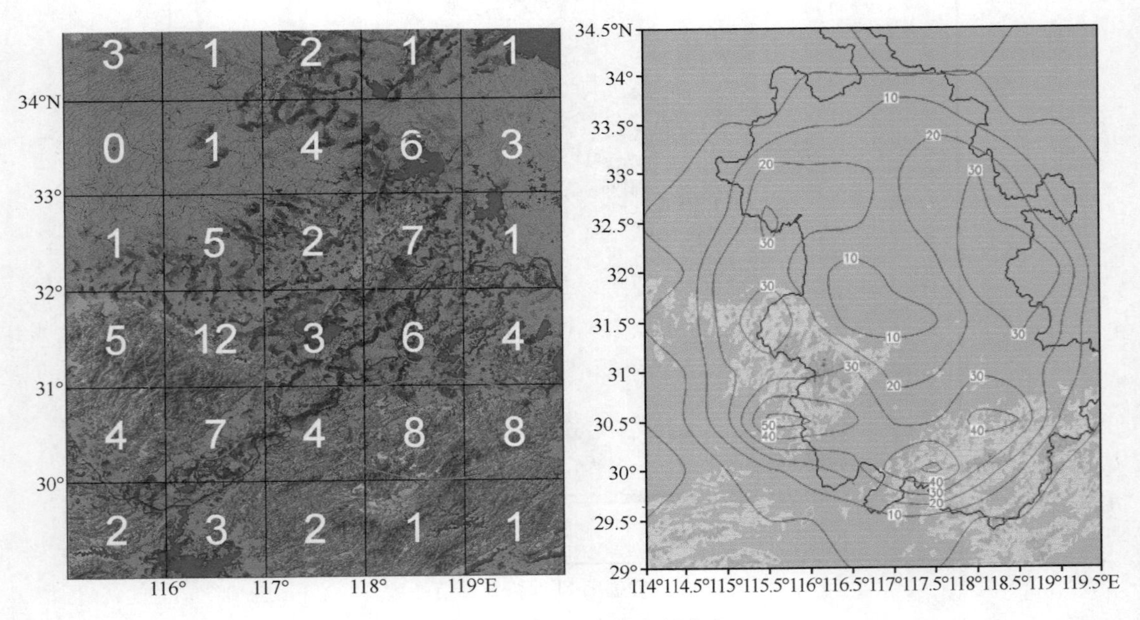

图 6.62　对流云合并空间分布

（左图为气象卫星，右图为多普勒雷达）

6.8　大雾灾害风险区划

6.8.1　技术路线

安徽省大雾灾害风险区划技术流程如图 6.63 所示。

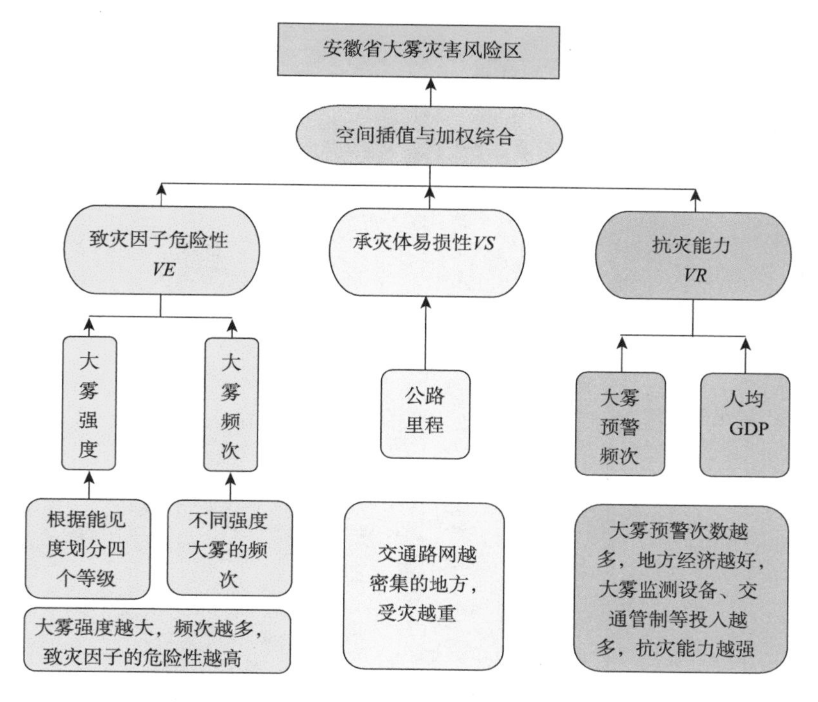

图 6.63　安徽省大雾灾害风险区划技术流程

6.8.2　致灾因子危险性评估与区划

参照大雾预警信号标准及常用大雾描述方法，本书将大雾强度按照能见度划分为 4 级（表 6.13）：

表 6.13　大雾强度等级表

等级	程度	能见度 V(m)
1 级	特强浓雾	$V<50$
2 级	强浓雾	$50\leqslant V<200$
3 级	浓雾	$200\leqslant V<500$
4 级	大雾	$500\leqslant V<1000$

根据上述的划分标准，对每个台站求出各等级强度大雾的总次数，除以该站的观测年数即得到大雾频次。然后将各站的不同等级大雾频次进行归一化，根据大雾强度越大，对大雾灾害形成所起的作用越大的原则，确定大雾致灾因子权重，从1—4级依次取权重系数为4/10、3/10、2/10、1/10，采用加权综合评价法，计算站点的大雾致灾因子危险性指数。结果表明：安徽省大雾致灾因子的危险度体现出“山区高、平原低、南北高、中间低”的分布特点：高危险区主要在皖南山区与大别山区，其他大部分地区危险度处于中等以下水平，其中低危险区主要位于淮北中部、沿淮西部和沿江地区（图6.64）。

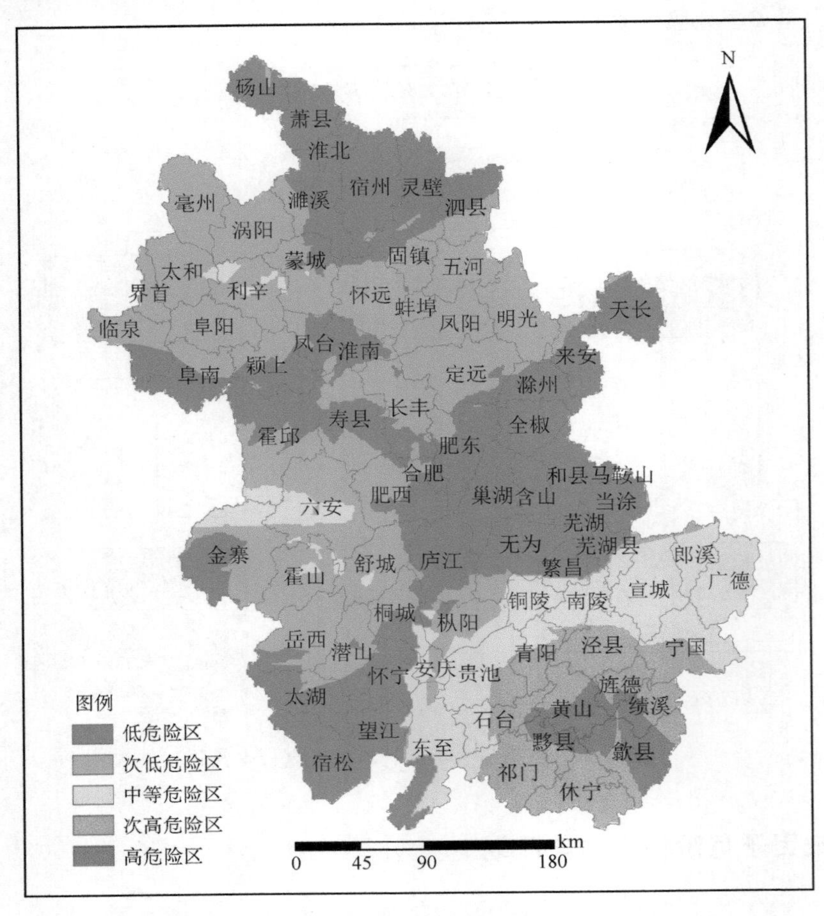

图6.64 安徽省大雾致灾因子危险性指数分布

6.8.3 承灾体易损性评估与区划

承灾体易损性的主要影响因子是交通路网密集度，故将公路里程和人口密度的权重分别赋值8/10和2/10，以此计算得到各市县的承灾体易损性指数（图6.65）。图中，高易损区主要位于淮北中北部及沿江东部，中等易损区位于沿淮淮北西部和江淮之间中东部，低易损区则位于皖南山区。

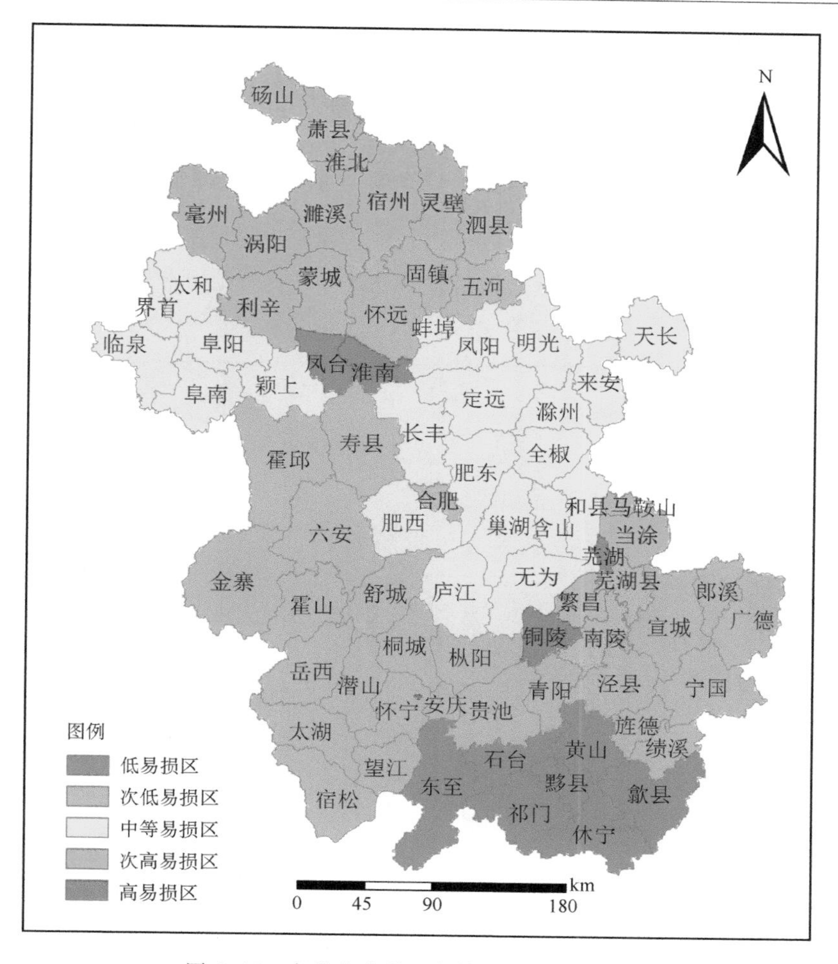

图 6.65　安徽省大雾承灾体易损性指数分布

6.8.4　抗灾能力评估和区划

本书主要利用大雾预警信号次数和可代表地区社会经济发展水平的人均 GDP 作为抗灾能力指标。对上述两个指标分别取 0.6 和 0.4 的权重，利用式(3.3)计算得到抗灾能力指数(图 6.66)。结果表明：抗灾能力较强地区主要位于淮北中西部、沿淮东部和沿江东部及皖南山区一带，抗灾能力较低区主要位于江淮之间西部，其他地区为中等抗灾能力。

6.8.5　大雾灾害风险区划

大雾灾害风险是致灾因子危险性、承灾体易损性和防灾减灾能力 3 个因子综合作用的结果。经征求有关专家意见，并结合历史灾情解析，最后取 3 ∶ 6 ∶ 1 的权重进行计算[公式(3.4)]，得到大雾风险综合指数。结果表明：①高风险区主要位于淮南市、芜湖市和铜陵市一带。这些地区高速公路密集、里程多，承灾体易损性高，抗灾能力中等。因此，尽管大雾频次一般，致灾因子危险性属中等，但综合来看，是安徽省高风险区。②次高风险区主要集中在淮北东北部、江淮之间中部及沿江东部一带。这些区域承灾体易损中等偏高，致灾因子危险性较小，抗灾能力中等。③中等风险区主要分布在沿淮淮北西部、沿淮至江淮东部和江南东部地区。这些区域承灾体易损中等，致灾因子危险性偏小，抗灾能力中等偏低。④次低风险区主要分布在皖西和沿江西部地区。承灾体易损性为次低区域，致灾因子危险性除大别山区较高外，其余地区均较低，抗灾能力中等偏高。⑤低风险区主要分布在江南西南部。这些区域虽然大雾日数多，致灾因子危险性较高，但承灾体易损性很小，且抗灾能力普遍较高，综合来看为低风险区(图 6.67)。

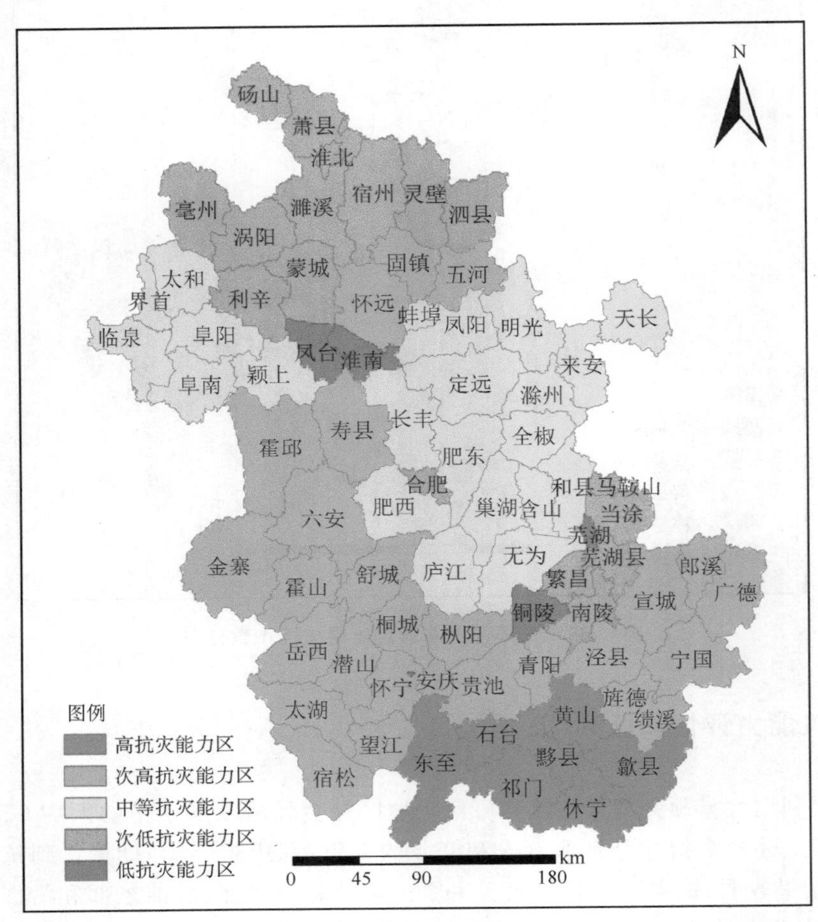

图 6.66　安徽省大雾抗灾能力指数分布

6.8.6　区划结果验证

利用各省辖市 2006—2009 年大雾引发交通事故次数、死亡人口、受伤人口和经济损失与区划结果进行对比验证，可知：综合区划和灾情结果比较一致。二者均显示：安徽省大雾灾害大致呈“东部重于西部，北部重于南部”的分布趋势，只是在淮北东部、江淮之间东部、江南东部和其他一些局部地区的灾害等级上有所差异，其原因可能为灾情损失与交通路网车流量之间

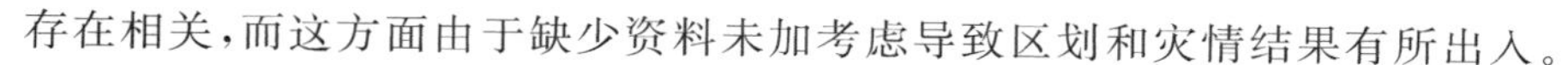

存在相关，而这方面由于缺少资料未加考虑导致区划和灾情结果有所出入。

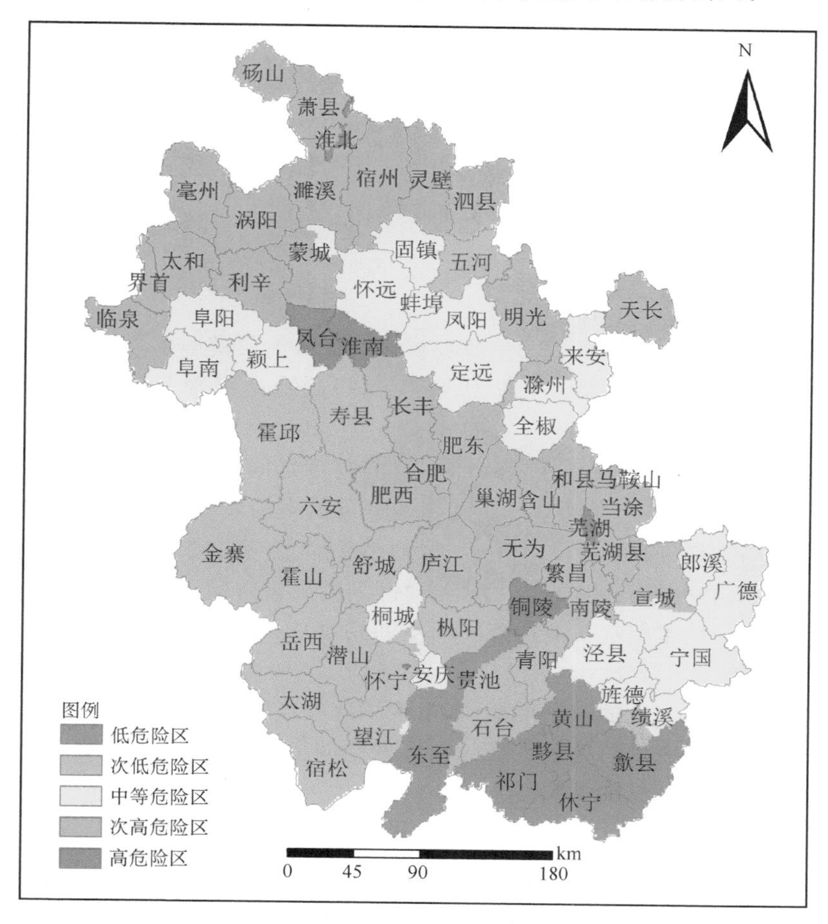

图 6.67　安徽省大雾灾害风险区划

6.9　冰冻灾害风险区划

6.9.1　技术路线

电线覆冰观测资料的稀少是冰冻区划工作的最大瓶颈。目前关于电线覆冰的相关资料可分为四种情况：一是既有地面气象要素观测，又有电线积冰观测（观冰站）；二是有地面气象要素观测，但无电线积冰观测（大部分气象站）；三是有电线积冰调查资料，但无气象观测（灾害点勘查）；四是更大范围的野外地区既无气象观测，又无电线积冰观测（包括众多的电力通信线路）。因此，需要针对不同的资料情况，设计不同的区划方案。

根据《中华人民共和国电力行业标准：电力工程气象勘测技术规程》（DL/T 5158—2002）规定，冰区划分是把同一个气候区内海拔相当、地理环境类似、线路走向大体一致、设计冰厚基本相同的地段划分为一个冰区。因此,冰冻区划应考虑的因素有:气候背景、海拔高度、地形地貌、高影响天气等。利用现有资料对上述问题进行研究,逐步得到单一的和综合的区划结果。为此设计以下几套方案:

(1)对所有气象站(包括观冰站)的雨、雾凇及电线积冰进行多年平均值统计,给出气候区划,可用来表征气候背景。

(2)对直接导致覆冰的冻雨划分等级,将不同等级冻雨频次按加权综合法计算其危险性指数,给出冻雨危险性区划。

(3)分析电线覆冰的高影响天气,按照温、湿、风的组合阈值统计各站历史上达到或超过阈值的频次,从而给出冰冻灾害的潜势区划。

(4)利用观冰站的电线积冰资料和气象资料建立覆冰气象模型,然后用模型推算其他非观冰站的冰厚,计算所有气象台站冰厚重现期,从而得到台站级别分辨率的多年一遇冰区划分图。

(5)利用观冰站多年一遇冰厚数据,建立冰厚与高度之间的关系模型,并代入 GIS 中每一格点求算冰厚重现期,从而得到基于 1∶50000 GIS 分辨率的多年一遇冰区划分图。

(6)将上述区划结果进行综合,得到综合区划结果。

(7)利用民政部门和电力部门的历史灾情对区划结果进行验证。

由此可见,不同的技术路线可能得到不同空间精度的区划结果。本书可得到三种精度的区划结果:

(1)取决于观冰台站密度的区划结果(如电线积冰散点图)。

(2)取决于气象台站密度的区划结果(雨、雾凇空间分布、冻雨危险性区划、冰冻灾害潜势区划、台站多年一遇冰区划分图等)。

(3)取决于 1∶50000 GIS 中更细网格的区划结果(由高度模型得到的冰区划分图、最终的风险区划图等)。

6.9.2　安徽省冰冻灾害风险区划数据库及案例库建设

本书收集整理了:

(1)全省气象台站建站至 2008 年雨凇、雾凇、电线积冰及温、湿、风、光等气象要素历史记录。

(2)安徽省 1∶50000 GIS 数据。

(3)历史冰灾记录,来源包括走访电力部门、气象灾害年鉴、灾情普查等。

由此建立了冰冻灾害风险区划数据库,并以灾情普查数据为基础,收集有历史记录的典型案例,建立了冰冻灾害典型案例库(access 数据库),以影响区域为单位,一次灾害过程为一条记录,每条记录包括:

基本信息:灾害类别(雨凇、雾凇、混合凇、湿雪)、开始时间、结束时间、持续天数、影响气象台站数、过程最大冰冻厚度(mm)。

气象信息:极端最高气温(℃)、出现台站号及名称、极端最低气温(℃)、极端最低气温出现台站号及名称、区域平均最高气温(℃)、区域平均最低气温(℃)、区域平均气温(℃)、区域平均相对湿度(%)、最低相对湿度(%)、最低相对湿度出现站号及名称、日最大降雪量(mm)、日最大降雪量出现台站号及名称、过程最大降雪量(mm)、过程最大降雪量出现台站号及名称、区域平均降雪量(mm)、日最大降水量(mm)、日最大降水量出现台站号及名称、过程最大降水量(mm)、过程最大降水量出现台站号及名称、降雪站数、区域平均降水量(mm)。

灾情信息:受灾人口(人)、死亡人口(人)、被困人口(人)、转移安置人口(人)、倒塌房屋(间)、损坏房屋(间)、直接经济损失(万元)、农作物受灾面积(hm^2)、农作物成灾面积(hm^2)、农作物绝收面积(hm^2)、农业经济损失(万元)、死亡大牲畜(头)、畜牧业经济损失(万元)、林业受灾面积(hm^2)、林业经济损失(万元)、交通工具停运时间(h)、交通经济损失(万元)、电力倒杆数(根)、电力倒塔数(座)、电力断线长度(km)、电力中断时间(h)、电力经济损失(万元)、通信中断时间(h)、通信经济损失(万元)。

经过灾情普查数据的合并整理,最后形成的全省 1951—2008 年冰冻灾害案例库只有 24 条冰冻灾害记录。

6.9.3 致灾因子(雨凇、雾凇、电线积冰)的气候区划

分析了雨凇、雾凇、电线积冰的时间演变和空间分布特征,给出了日数、频率以及积冰强度(用积冰直径或标准冰厚表示)的气候区划。

6.9.3.1 电线积冰观测及资料说明

雨凇、雾凇凝附在导线上或湿雪冻结在导线上的现象,称为电线积冰。气象上使用电线积冰架来进行电线积冰观测,电线积冰架一般由两组支架组成,一组成南北向,一组成东西向,两组之间距离以互不影响、方便操作为宜。每一组支架,包括两根支柱和两根导线。支柱采用 50 mm×50 mm×5 mm 规格的角钢,采用直径约 4 mm(又称 8 号)、长 100 cm 铁(钢)丝作为导线,两端在距端点 5 cm 处弯成直角。两根导线分别水平横挂在支柱的上下绊钉上,上绊钉拧在支柱上部的一侧,下绊钉拧在支柱下部的相反一侧,导线两端须能自由地插入绊钉孔中并容易取出,但在插入绊钉孔后,导线应不产生移动或滚动。电线积冰观测记录分南北向、东西向,且各有直径、厚度、重量三个要素。积冰直径是指垂直于导线的切面上冰层积结的最大数值线,导线直径包括在内;积冰厚度是指在导线切面上垂直于积冰直径方向上冰层积结的最大数值线,厚度一般小于直径,最多与直径相等。二者单位均为毫米(mm)。

气象上我们把从积冰架上的导线开始形成积冰起,至积冰消失止,称为一次积冰过程。有电线积冰观测任务的气象台站(姑且简称为观冰站),须选择适当的时机测定每一次积冰过程的最大直径和厚度,以毫米(mm)为单位。

气象上对雨凇、雾凇的观测记录共有两类:一是在天气现象中,若某一天该地出现雨凇或雾凇现象时,则在天气现象记录中记下雨凇或雾凇出现的时间,这在全省所有的台站均有观测记录;二是在部分台站有电线积冰观测任务(观冰站),当该台站出现电线积冰时,选择适当的时机测定每一次积冰过程的最大直径和厚度。如是单纯的雾凇,当所测的直径超过 15 mm 时,或者包括雨凇、雾凇、湿雪在内的混合积冰所测的直径超过 8 mm 时,尚须测定一次积冰最大重量,即 1 m 长导线上冰层的重量,以克/米(g/m)为单位。

安徽省原有 16 个台站有电线积冰观测任务,目前有 15 个台站,肥东站 1980 年以后无观测任务,只占实有台站的 1/5。并且,在这 16 个台站中,中间也有中断和不连续的。

6.9.3.2　标准冰厚的计算

在电线积冰观测中，若是单纯的雾凇，当所测的直径超过 15 mm 时，或者包括雨凇、雾凇、湿雪在内的混合积冰所测的直径超过 8 mm 时，才测定一次积冰最大重量。

把单位长度(1 m)电线上，实际积冰量相当于标准密度(常取 0.9 g/cm^3)的均匀覆盖于标准铁丝(8 号，直径 4 mm)上的冰层厚度称为标准冰厚。

根据上述定义，则标准冰厚 $b_{0.9}$ 可由下式求出：

$$b_{0.9} = (W/\pi\rho + d^2/4)^{1/2} - d/2 \tag{6.11}$$

式中：$b_{0.9}$ 为标准冰厚(mm)；W 为实际积冰重量(g/m)；ρ 为标准密度(g/cm^3)；d 为电线直径(mm)。

以 $\pi=3.1415926$；$\rho=0.9\ g/cm^3$；$d=4$ mm；实际冰重 W(g/m)代入，得到：$b_{0.9}=(W/2.82743334+4)^{1/2}-2$，所求 b 的单位为 mm。这就是直接用气象观测冰重求标准冰厚的算式。

6.9.3.3　雨、雾凇日数的时间演变及空间分布

将雨凇、雾凇分开统计，并考虑两者之和以及同时出现雨凇、雾凇混合的情况。因黄山光明顶雨凇、雾凇特别频繁(总出现日数频率为 10%～20%)，故统计中去除了光明顶资料。图 6.68 中，雨凇多的年份：1969(514)、1964(128)、1979(121)、1991(120)、1987(117)、1990(110)、2008(110)、1972(109)等。

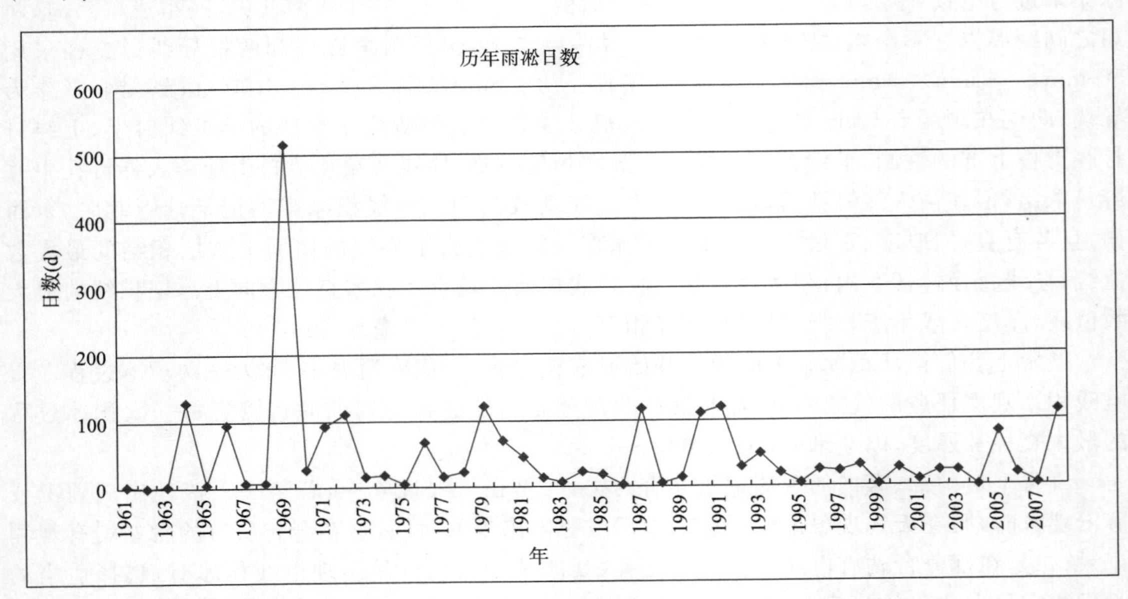

图 6.68　1961—2008 年安徽省雨凇日数历年变化(不含黄山光明顶)

图 6.69 中，雾凇多的年份：1992(267)、1985(203)、1972(195)、1984(137)、1982(131)、1969(128)、1973(120)、1991(112)、1974(108)、1975(108)、1986(102)、1979(101)、2003(100)等。

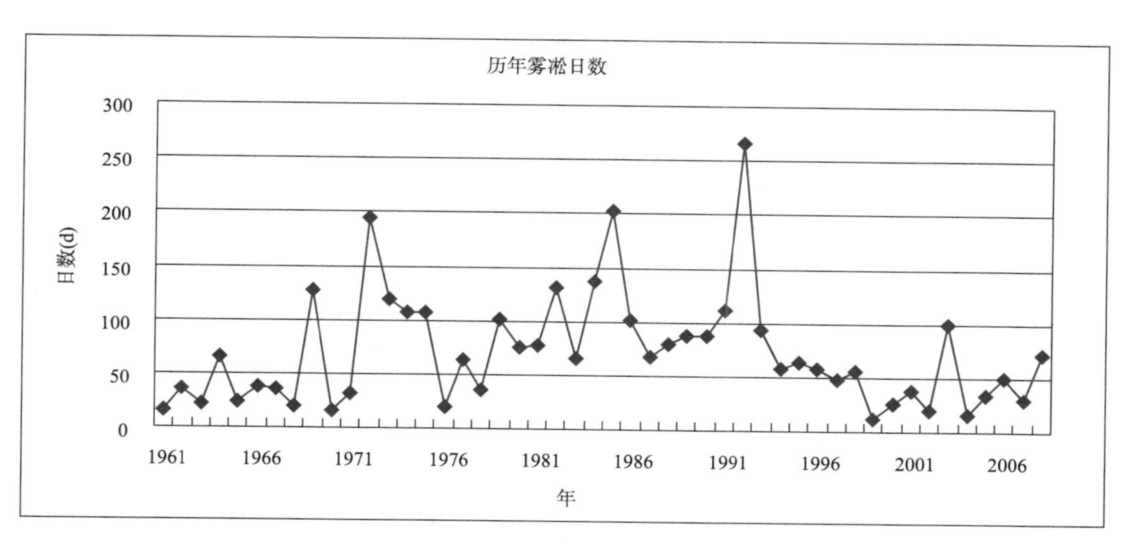

图 6.69　1961—2008 年安徽省雾凇日数历年变化(不含黄山光明顶)

图 6.70 中,雨凇、雾凇较多年份:1969(633)、1972(304)、1992(296)、1991(224)、1985(222)、1979(220)、1990(198)、1964(193)、2008(184)、1987(174)、1984(159)等。

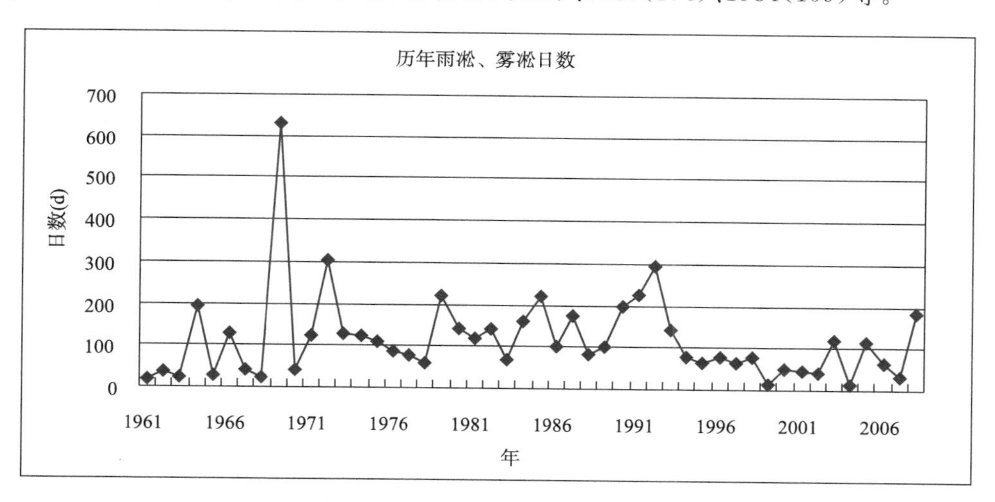

图 6.70　1961—2008 年安徽省雨、雾凇日数历年变化(不含黄山光明顶)

总体来看,20 世纪 90 年代以后大多数年份安徽省雨、雾凇出现较以前明显偏少,只有 2003、2005 年和 2008 年相对较多。

雨、雾凇日数的空间分布如图 6.71 所示。总体来看,雨、雾凇日数大值区主要在淮北和皖南山区。但由于有些台站中间有短暂的观测中断时段,故频率更有可比性。

6.9.3.4　雨、雾凇出现频率的空间分布

雨(雾)凇出现频率=某站出现雨(雾)凇总日数/该站 1961 年 1 月至 2008 年 4 月总观测日数。

雨凇频率高的前10站：九华山、太和、界首、临泉、阜南、亳州、利辛、阜阳、霍邱、岳西(图6.72a)。

雾凇频率高的前10站：太和、泗县、九华山、歙县、颍上、砀山、亳州、利辛、霍邱、临泉(图6.72b)。

雨、雾凇频发的前10站：九华山、太和、颍上、临泉、泗县、亳州、利辛、霍邱、砀山、歙县(图6.72c)。

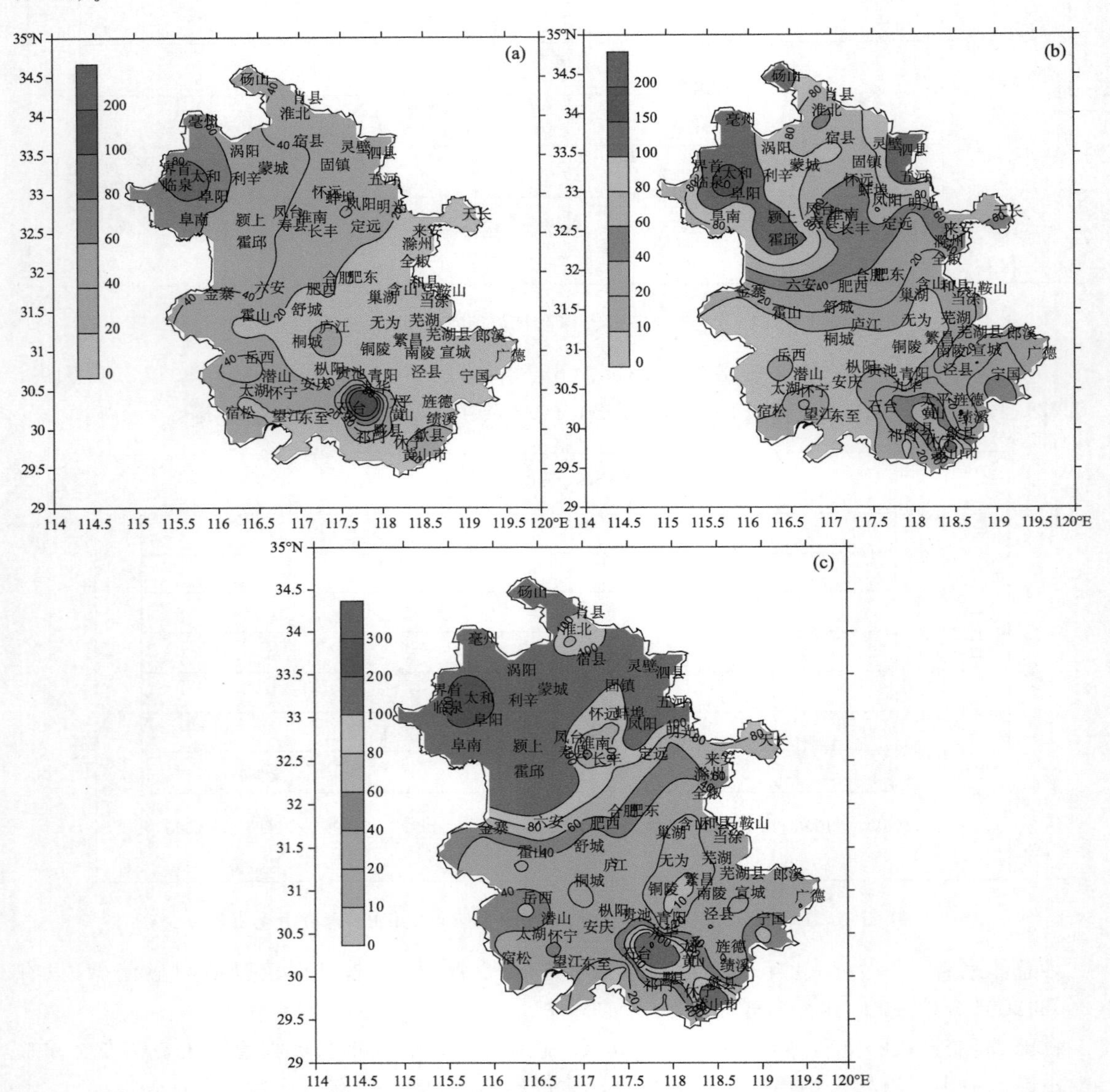

图6.71　1961—2008年安徽省各地累计雨凇(a)、雾凇(b)及雨、雾凇合计(c)日数分布(单位：d)(不含黄山光明顶)

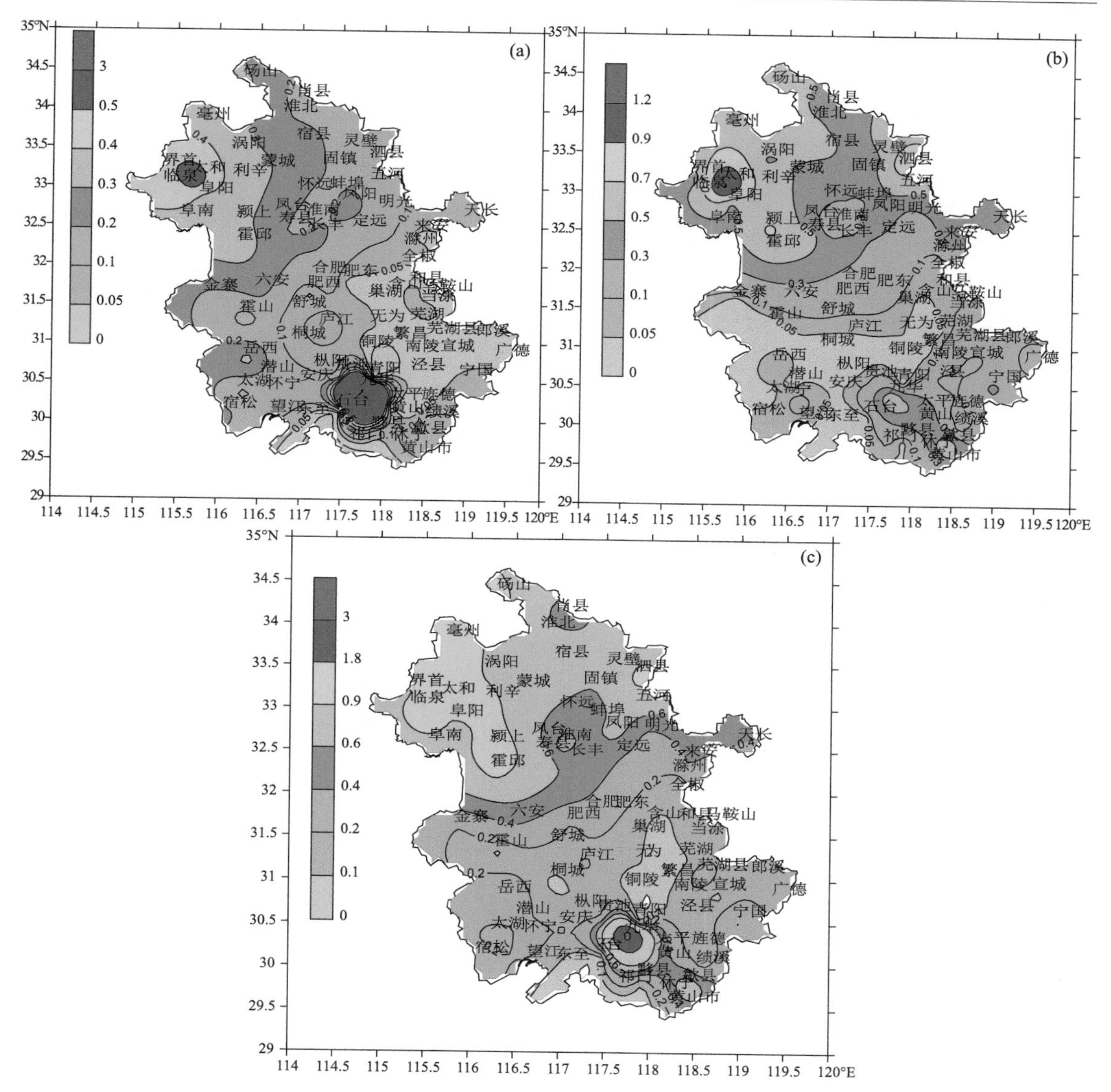

图 6.72　安徽省各地雨凇(a)、雾凇(b)及雨、雾凇合计(c)频率分布(%)(不含黄山光明顶)

由此可见,雨凇、雾凇频发地主要集中在淮北西部和南部山区。从统计结果看,全省出现雾凇略多于雨凇。

6.9.3.5　电线积冰出现频率的空间分布

安徽省现有 15 个电线积冰观测站,统计了各站电线积冰的出现频率,排序如表 6.14 所示。

表 6.14　15 站电线积冰的出现频率(%)排序

光明顶	砀山	宿州	亳州	寿县	阜阳	岳西	宁国	合肥	蚌埠	屯溪	安庆	滁州	桐城	霍山
7.10	0.72	0.71	0.68	0.63	0.54	0.44	0.34	0.30	0.16	0.11	0.10	0.06	0.03	0.01

显然，黄山光明顶最易出现电线积冰，其次为淮北和大别山区。

6.9.3.6 积冰强度的空间分布

依次分析了积冰直径以及换算成标准冰厚的多年平均值、多年平均最大值和历史极大值的空间分布特征。

(1)积冰直径及标准冰厚的多年平均值

图 6.73 是 15 站雨凇、雾凇积冰直径及换算的标准冰厚多年平均值及其空间分布。总体来看，黄山光明顶积冰平均强度最强，其次是淮北和大别山区。

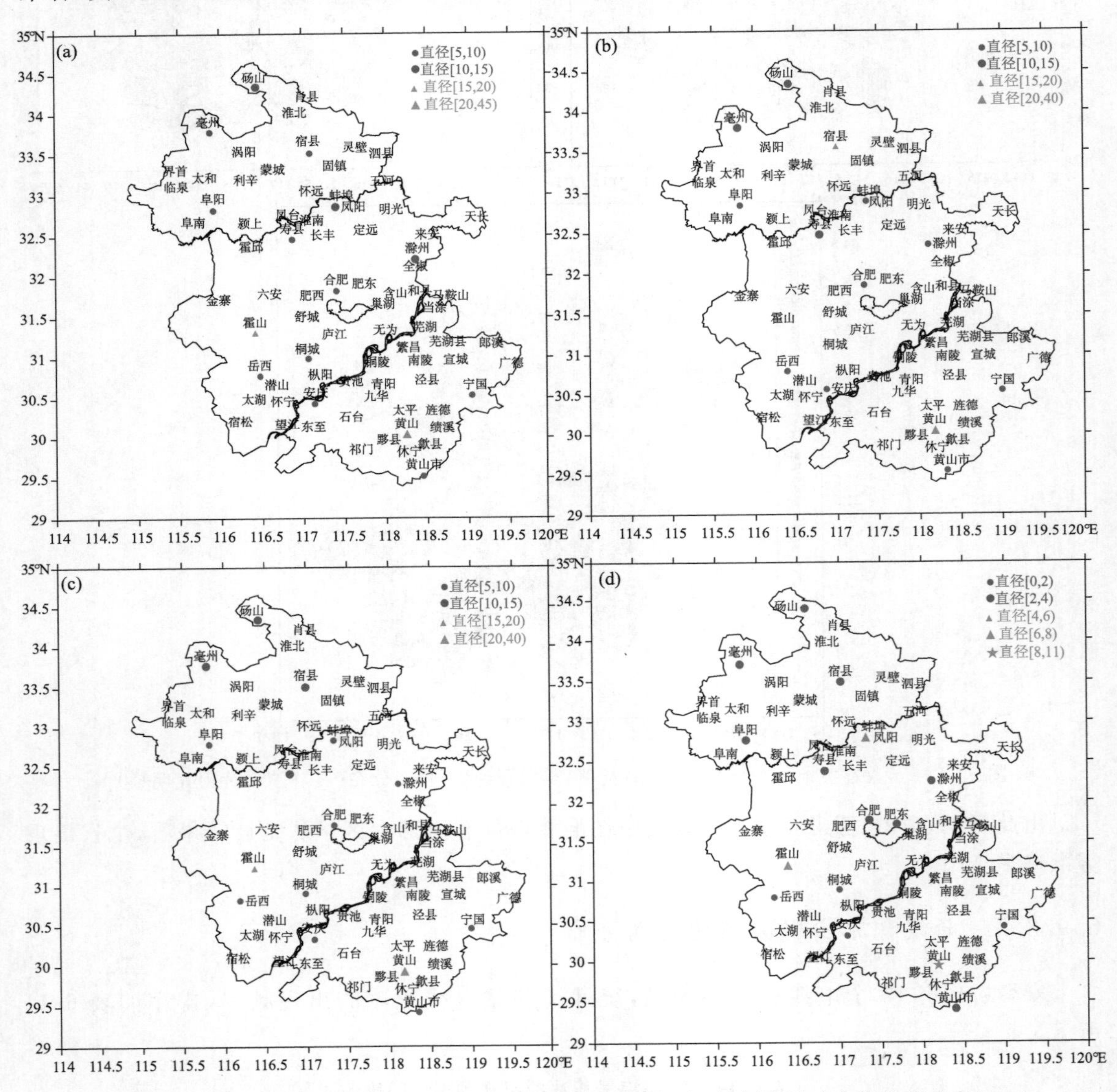

图 6.73 安徽省雨凇(a)、雾凇(b)、雨、雾凇合计(c)直径及标准冰厚(d)多年平均值分布(mm)

(2)积冰直径及标准冰厚的多年平均最大值

图6.74是15站雨凇、雾凇积冰直径多年平均最大值及其空间分布。总体来看,多年平均最大值也和平均强度分布特征相似,也是黄山光明顶最强,其次是淮北和大别山区。

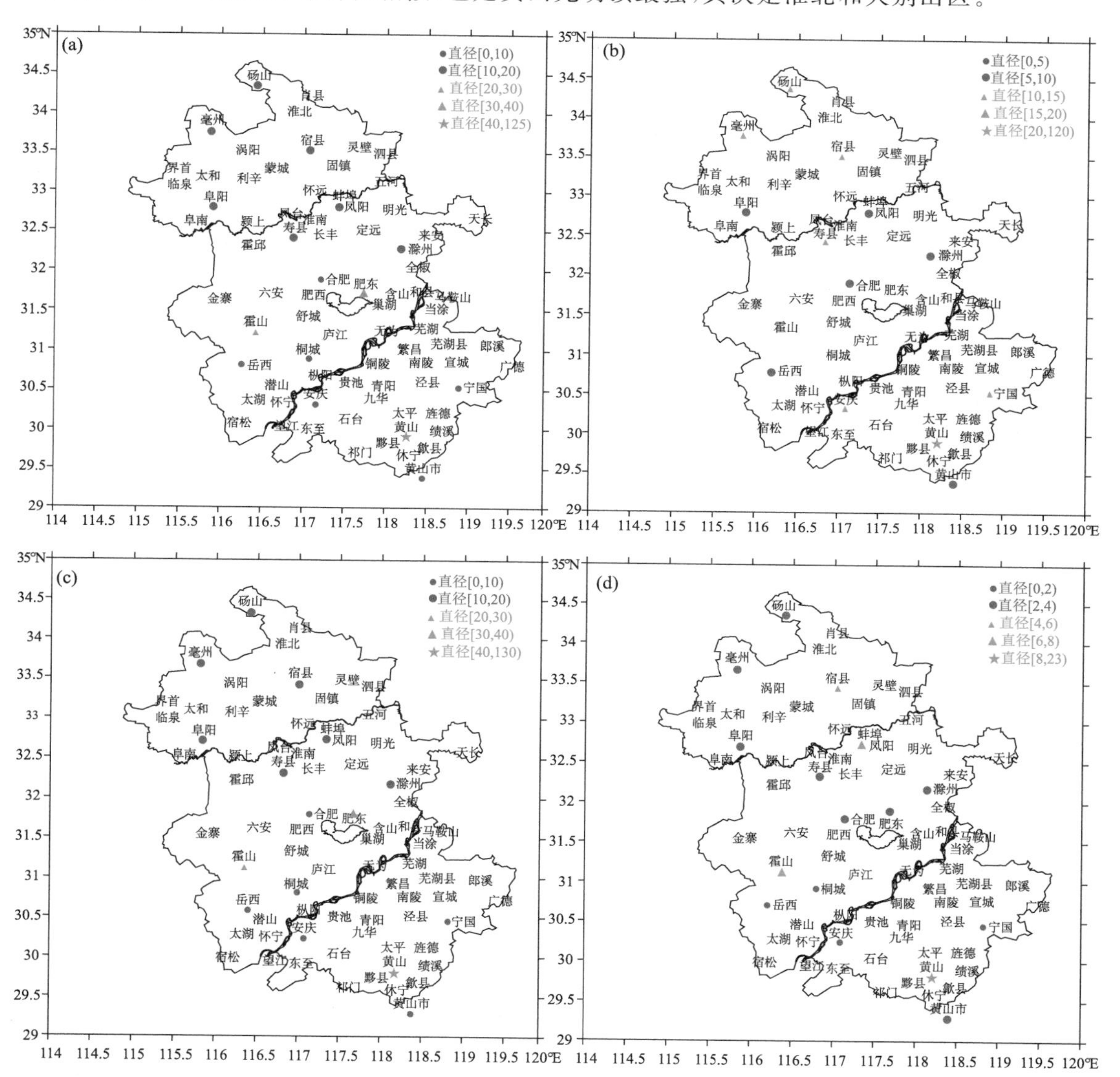

图6.74　安徽省雨凇(a)、雾凇(b)、雨、雾凇合计(c)直径及标准冰厚(d)多年平均最大值分布(mm)

(3)积冰直径及标准冰厚的历史极大值

图6.75是15站雨凇、雾凇和雨、雾凇积冰直径历史极大值分布。从各站历年积冰最大直径对应的类型来看,雨凇比重较大,黄山光明顶海拔较高,常常是雨凇、雾凇同时出现。

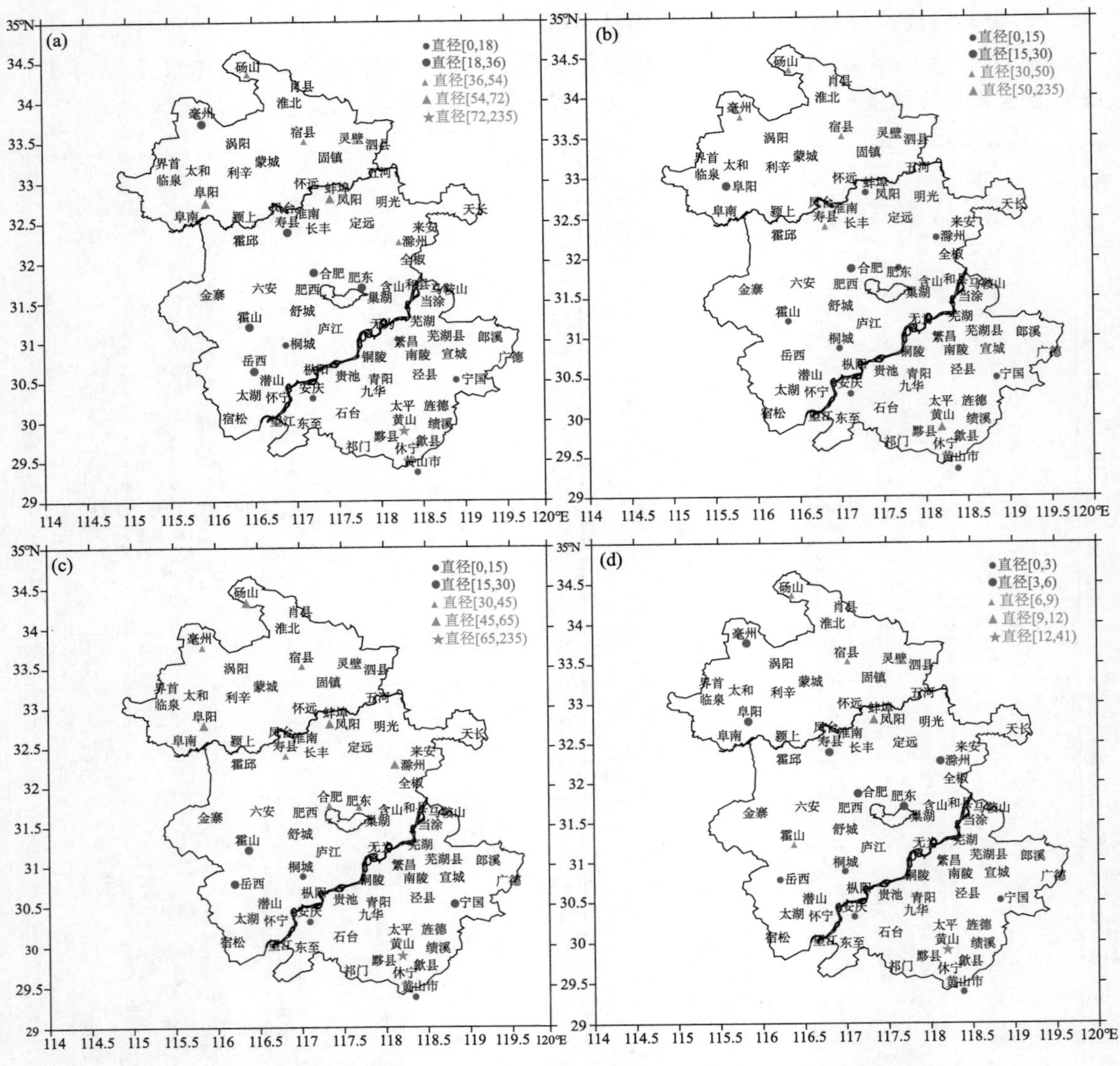

图 6.75　全省雨凇(a)、雾凇(b)、雨、雾凇合计(c)直径及标准冰厚(d)历史极大值分布(mm)

6.9.4　冻雨危险性区划

根据《大气科学词典》定义，冻雨是指由过冷水滴与温度低于 0℃的物体碰撞立即冻结的降水。而雨凇是冻雨碰到地面物体后直接冻结而成的毛玻璃状或透明的坚硬冰层，外表光滑或略有隆突。由于冻雨直接导致了雨凇的形成，故对冻雨开展区划可作为冰冻灾害综合区划的参考。

按照《中华人民共和国气象行业标准：冻雨等级标准》(征求意见稿)，对安徽省历史上出现的冻雨进行了等级划分，并计算了危险性指数，给出全省指数分布。

对全省各站建站至 2008 年 4 月的雨凇、雾凇天气现象进行了提取，其中出现雨凇、雾凇总的日数为 9615 d。《冻雨等级标准》规定：某一测站连续 3 d 或 3 d 以上出现冻雨时，可以有一天间断，间断后第二天又有冻雨出现，可视为一次连续的冻雨过程。据此提取出全省历史上冻雨过程个数为 4640 个。

《冻雨等级标准》中根据冻雨的持续时间，将冻雨划分为 4 个等级：

轻级冻雨(1 级)：1～3 d

中级冻雨(2 级)：4～6 d

重级冻雨(3 级)：7～11 d

特重级冻雨(4 级)：12 d 以上。

分析表明：安徽省冻雨主要为轻级冻雨，而持续时间在 1～6 d 的过程占所有过程的 95.67%，即轻、中级冻雨过程占所有冻雨过程的比例超过了 95%。冻雨最长持续日数为 48 d，出现在高山站黄山光明顶。

设各级过程次数为 $X_i, i=1,2,3,4$，各级权重系数为 $W_i=i/10, i=1,2,3,4$，采用加权综合法得到冻雨危险性指数 H，即：

$$H=\left(\sum_{i=1}^{4} X_i \cdot W_i\right)/N \tag{6.12}$$

式中：X_i 为各级冻雨的过程次数；W_i 为相应的权重系数；N 为台站资料年份。区划结果如图 6.76 所示。可以看出，安徽省冻雨危险性较高的地区在皖南山区及淮北西北部。这一结果和前述全省各地雨凇、雾凇频率分布基本一致。

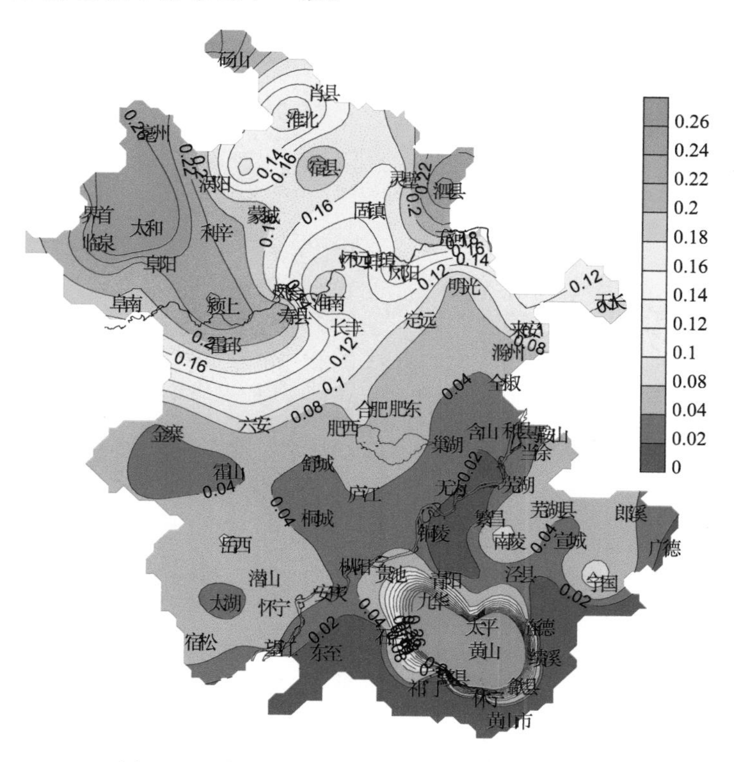

图 6.76　安徽省冻雨致灾因子危险性指数分布

6.9.5 电线积冰高影响天气分析及冰灾潜势区划

将全省各站历年电线积冰重量和直径极值对应的气温、相对湿度、风速和风向进行对比分析，可以得知雨凇型积冰的高影响天气条件为：基本满足日平均气温≤0℃，相对湿度≥80%，风速在0～3 m/s，风向最多为NW、NE、N、NNE，直径极大值时出现静风的频率最多。雾凇型积冰极值出现时，气温一般≤－3℃。

由于对安徽省电力系统危害最重的主要是雨凇积冰，因此，我们着重分析雨凇的高影响天气的空间分析特征。统计各站历史上日平均气温≤0℃、相对湿度≥80%且风速在0～3 m/s的总日数，除以建站年数即得到高影响天气年均发生频次，这可以理解为冰冻灾害发生的潜势区划(图6.77)。由图可见，皖南山区、大别山区及淮北西北部为冰灾最容易出现的地方。

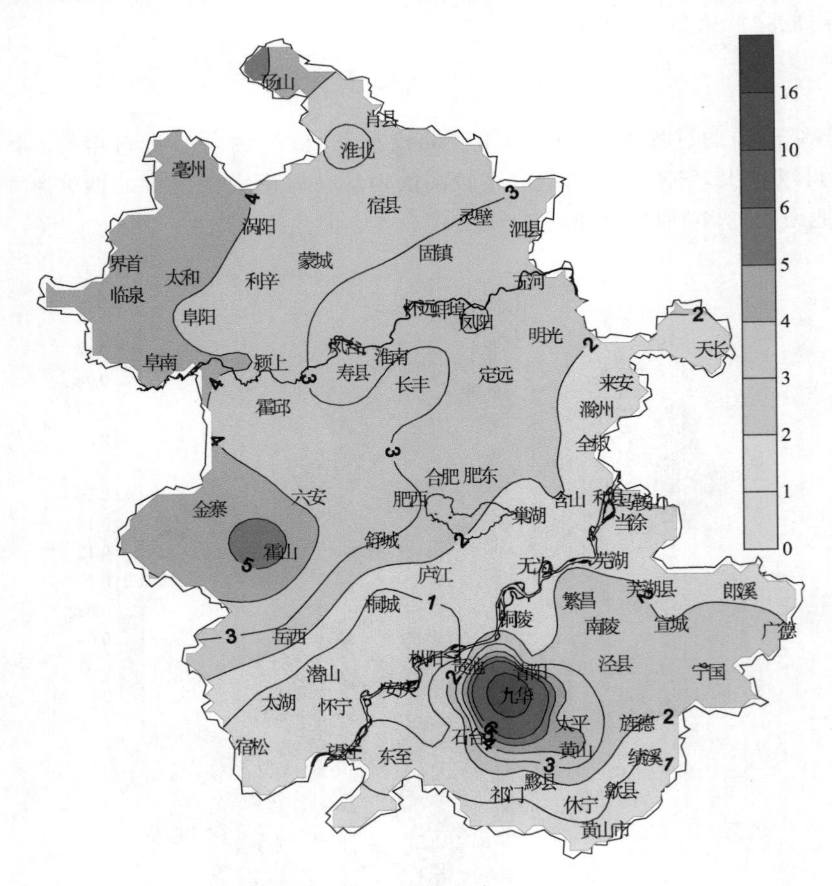

图6.77 安徽省冰冻灾害高影响天气年均发生频次分布

6.9.6 标准冰厚的气象估算模型建立

前面分析了冰冻灾害的高影响天气，如何建立气象要素和冰灾强度(冰厚)之间的定量关系是本书的一个研究重点。模型不仅有助于我们理解覆冰机理，而且可用于冰冻灾害评估业务。

6.9.6.1　建模方案设计

安徽省观冰站少且记录不多，给建模带来极大困难。为了尽量减少样本损失，采用以下公式计算标准冰厚：

$$b_0 = \frac{0.96}{4}(b+a) - \frac{d}{2} \tag{6.13}$$

式中：b_0 为标准冰厚；b、a 分别为积冰长、短径；d 为积冰直径。

为达到最好效果，在建模过程中开展了大量的试验进行对比，根据误差分析的结果择优弃劣，逐步得到最优模型。用最优模型来推算全省非观冰站的标准冰厚，在此基础上才能计算重现期，进而开展区划。试验方案设计见表 6.15。

表 6.15　覆冰气象模型试验方案设计

对比＼项目	方案 1	方案 2
建模方法	逐步多元回归	人工神经网络
模型规模	全省	分区域
因子时段	最大积冰当天(1 d)	最大积冰当天、前 1 天和前 2 天(3 d)
因子种类	日平均气温、最高气温、最低气温、相对湿度、风速、降水量、日照时数和水汽压(建站至 2008 年资料)	同左，此外增加结冰时气温和风速(1987 年至 2008 年资料)
人工神经网络挑选因子方法	相关分析	逐步回归筛选

表 6.15 中方案说明如下：

建模方法：分别采用线性(逐步多元回归)和非线性(人工神经网络)方法来建立标准冰厚估算模型。将观测样本分为两部分，一大部分用来建模并计算拟合误差，另外一小部分(不超过 1/3)用来代入模型算出冰厚，并和实际观测值对比，计算预测误差。对两种模型的拟合误差和预测误差进行对比分析，重点关注预测误差，然后择优选定模型。

模型规模：原先对全省建立一个覆冰模型，但误差分析显示效果并不好，一个模型难以兼顾南北方、平原丘陵和高山的覆冰情况。因此，根据安徽气候特点和台站观测资料情况，将全省分为淮北地区(沿淮及其以北)、中南部地区(淮河以南地区，除了黄山以外)、黄山地区(光明顶站)，分别建立区域覆冰模型。

因子时段：由于实际观测中只记录最大积冰出现的日期，考虑到安徽省大部分地区以 1～3 d 积冰过程最为常见，故分别选取当日气象要素(方案 1)，当日和前 1 日、前 2 日共 3 d 的相同要素(方案 2)作为对比来建模，看看哪种模型效果最好。

因子种类：方案 1 考虑最大积冰当日和前 1 日、前 2 日的日平均气温、湿度、风速、水汽压、日照时数等要素，资料年限从建站至 2008 年；方案 2 除了上述要素外，还增加了结冰时气温和风速两个要素，由于其观测从 1987 年才开始，故资料年限为 1987 年至 2008 年。

人工神经网络挑选因子方法：在用人工神经网络建模过程中，方案 1 通过相关分析选取显著性因子作为输入因子，这是一种常规建模方法；方案 2 则采用逐步回归来筛选因子，然后将选出的因子作为输入因子，这是为了和逐步回归方法建模保持完全一致，以便在同等情况下比较误差。

6.9.6.2　试验误差分析

分别对表6.15中的设计方案进行横向和纵向的交叉试验，并一一比较误差分析的结果。误差分析的项目包括差值、绝对差值、绝对误差和相对误差。其表达式分别如下：

差值＝实际值－拟合值

绝对差值＝差值的绝对值

绝对误差＝绝对差值/实际值×100％

相对误差＝差值/实际值×100％

由于试验错综复杂，先后建有几十个模型，故未列出每个模型的误差分析表。但经过逐一比较，得出综合分析结论如下：

(1)总体来看，人工神经网络的拟合效果要优于逐步回归，但预测效果要劣于后者，且预测误差远大于拟合误差，说明该方法很不稳定，难以用来推算非观冰站的标准冰厚。逐步回归的拟合误差与预测误差相对来说差距较小，且在有些情况下预测误差要小于拟合误差，说明用该方法来推算非观冰站冰厚是值得期待的。

(2)分区建立的模型由于集合了区域特点，更具区域适应性，比全省通用一个模型效果好，也更加精细化。

(3)仅考虑最大积冰日当天(1 d)的气象要素建模(方案1)，与考虑此前两天至当天(3 d)的要素建模(方案2)，其结果存在区域差异。对于淮北和中南部地区，方案1的拟合及预测效果多优于方案2，或者方案2建立的模型中只包含当天要素，表明对于淮北和中南部的广大平原丘陵地区而言，由于冰期短暂，故最大积冰厚度与前期气象条件关系不大，只与当天的气象条件有密切关系；而黄山光明顶的模型中有前两日的要素入选，说明高山因为冰期较长，最大冰厚不仅与当天的气象条件关系密切，前期条件对冰厚的成长也有一个积累的作用。

(4)仅考虑日平均要素(资料年限从建站至2008年，方案1)建模，与考虑日平均及结冰时要素(资料年限为1987年至2008年，方案2)建模相比，方案2效果总体要好于方案1。究其原因，可能是结冰时的气温、风速确实对冰厚有影响，也可能与资料年限有关。因为从气候变化的角度来说，1986—1987年冬季是一个转折点，从那时起至今二十多年安徽省冬季基本处于变暖背景下，故1987—2008年的冰厚序列相对来说稳定性更好。以中南部为例，建站至1986年中南部地区标准冰厚方差为8.3 mm，而1987—2008年仅为2.9 mm，导致方案2建模效果较好。

(5)人工神经网络挑选入选因子过程中，相关分析法比逐步回归筛选因子效果好。

6.9.6.3　最优模型确定

综合上述结论，最后选定的最优模型均为逐步回归模型。

(1)淮北地区

从误差分析的结果来看，该区域最好的模型是资料年限为1987—2008年、1 d因子的模型，进入方程的因子为当日最低气温、当日平均气温和结冰时气温，有很好的天气学意义。但由于在用该模型推算非观冰站冰厚时，无法获取非观冰站的结冰时气温；曾尝试用08时的气温代替，但经过统计比较，发现非观冰站08时气温平均为－4.9℃，而观冰站结冰时气温平均为－2.8℃，两者差异较大，如果这样替代的话会改变方程各个因子的系数，显然行不通。因此，只好退而求其次，选择效果排第二的模型，该模型的预测绝对误差仅比第一个模型大 3%，几乎可以忽略不计。

这样最终选定的是：资料年限为建站至 2008 年、1 d 因子的模型。

$$\text{标准冰厚} = 1.129 - 1.624 \times \text{日平均气温} + 0.305 \times \text{日最高气温} + 2.177 \times \text{水汽压} - 0.134 \times \text{相对湿度} + 0.209 \times \text{日最低气温} \quad (6.14)$$

用砀山、宿州、阜阳，寿县等 4 站资料建模，蚌埠和亳州做检验（预测）。误差分析见表 6.16。

表 6.16 淮北模型误差分析

误差类型	差值平均	绝对差值平均	绝对误差	相对误差	样本数
拟合	−0.01	1.39	145.91%	−112.63%	414
预测	−0.49	1.47	108.94%	−89.45%	112

(2)中南部地区

资料年限 1987—2008 年、3 d 因子模型：

$$\text{标准冰厚} = 1.324 - 0.195 \times \text{当日平均气温} \quad (6.15)$$

用岳西、宁国、安庆、霍山、屯溪等 5 站资料建模，合肥、桐城、滁州等 3 站资料做检验（预测）。误差分析见表 6.17。

表 6.17 中南部模型误差分析

误差类型	差值平均	绝对差值平均	绝对误差	相对误差	样本数
拟合	−0.003	0.839	161.78%	−137.07%	52
预测	0.073	1.277	138.16%	−114.92%	17

(3)黄山地区

资料年限 1987—2008 年、3 d 因子模型，与中南部一样：

$$\text{标准冰厚} = -18.669 + 0.141 \times \text{前一天相对湿度} + 0.306 \times \text{当日相对湿度} - 3.494 \times \text{当日水汽压} + 0.615 \times \text{前一天平均风速} - 0.565 \times \text{结冰时气温} \quad (6.16)$$

由于该模型只有一个光明顶站，故将 1987—2000 年该站资料用作建模，2001—2008 年资料做检验（预测）。误差分析见表 6.18。

表 6.18 黄山模型误差分析

误差类型	差值平均	绝对差值平均	绝对误差	相对误差	样本数
拟合	0.041	6.571	332.93%	−246.17%	329
预测	−0.292	6.803	279.47%	−187.60%	168

纵观 3 个模型，都有当日或结冰时气温为负相关因子，表明气温越低冰厚越大；淮北还有当日湿度因子入选，黄山还有前一天的湿度和风速及当日湿度入选，印证了高影响天气主要是温度、湿度和风三个要素的配置，其中温度是影响覆冰的最重要因子。

另外，3 个模型中淮北和中南部模型误差较小且比较接近，黄山模型误差最大且与前两者差距也大。究其原因，很可能是因为黄山积冰既有冰厚小的又有大的，且大的样本占据相当比例，造成阈值区间很大，奇异值较多，而模型模拟具有“趋中性”的特点，很难模拟出极端情况，这样就导致黄山模拟效果最差。为了证实这一点，我们把积冰直径大于等于 8 mm 的样本挑出来建模，结果误差比全部样本建模要小得多。

6.9.6.4 非观冰站标准冰厚推算

利用淮北地区和中南部地区覆冰模型分别推算相应区域内的非观冰站标准冰厚。首先要提取非观冰站的气象因子，提取方法如下：由观冰站每个积冰过程挑取积冰极值，确定极值对应的日期。但非观冰站在同一天可能出现积冰，也可能不出现积冰。因此，再用覆冰形成的三个基本条件（同时满足日平均气温≤0℃、日平均相对湿度≥80%且日平均风速≤3 m/s）去进行日期筛选，满足条件的就按照该日期提取所有台站（观冰站和非观冰站）当天、前1天和前2天的温、湿、风、降水、日照等气象要素，不满足条件的就放弃该日期。这样又淘汰了一批样本。

将非观冰站的气象因子代入模型，计算出各站历年每个积冰过程的标准冰厚。从平均冰厚来看，淮北地区观冰站为2.1 mm，而该区域所有站为2.6 mm，相差0.5 mm；中南部地区观冰站为1.8 mm，而该区域所有站为1.7 mm，相差0.1 mm。

6.9.7 标准冰厚重现期计算及区划

对观冰站观测的和非观冰站推算的历年最大标准冰厚序列，利用滑动最值平均法、柯西分布和耿贝尔分布等三种方法进行重现期计算，并对结果进行比较分析。具体方法详见5.1.2.2重现期等级分析方法部分。

6.9.7.1 标准冰厚重现期计算结果分析

限于资料长度，滑动最值平均法只能计算重现期为10年、15年最多30年的标准冰厚，其他无法计算。

柯西分布在计算小样本以及样本存在奇异值的情况时表现极不稳定，如在计算蚌埠站时（样本数为9个，存在一个60 mm的极大值），其百年一遇值为258.4 mm，而去掉60 mm以后百年一遇37.6 mm，相差甚远。滁州、安庆等样本不足10个的台站计算值表现为极不稳定。

相对而言，耿贝尔分布结果较为稳定，如蚌埠站去掉60 mm极大值以后，百年一遇的值为26.3 mm，同时能够通过柯尔莫葛洛夫检验和ω检验。加上60 mm以后百年一遇值为90.6 mm，这样的变化可以接受。对耿贝尔结果的拟合优度检验结果表明：大多数台站能够通过信度为0.05的柯尔莫葛洛夫检验，一些台站还可以同时通过ω检验（更为严格的一种检验）。

综上所述，安徽省标准冰厚重现期采用耿贝尔分布的计算结果。

6.9.7.2 标准冰厚多年一遇分布

根据耿贝尔分布计算结果绘制台站级别的标准冰厚15年、30年、50年、100年一遇的区划图（图6.78）。

由图6.78可见，无论是多少年一遇，皖南山区冰厚最大，其次是北部地区，然后才是大别山区。大别山区由于观冰站少，且仅有的站点位于城郊，观测的冰厚偏小，不能真正代表山区积冰情况，故大别山区的标准冰厚值可能被低估了。因此，需要考虑山区特点，体现海拔高度在电线覆冰中的作用，故尝试建立高度与冰厚的关系模型。

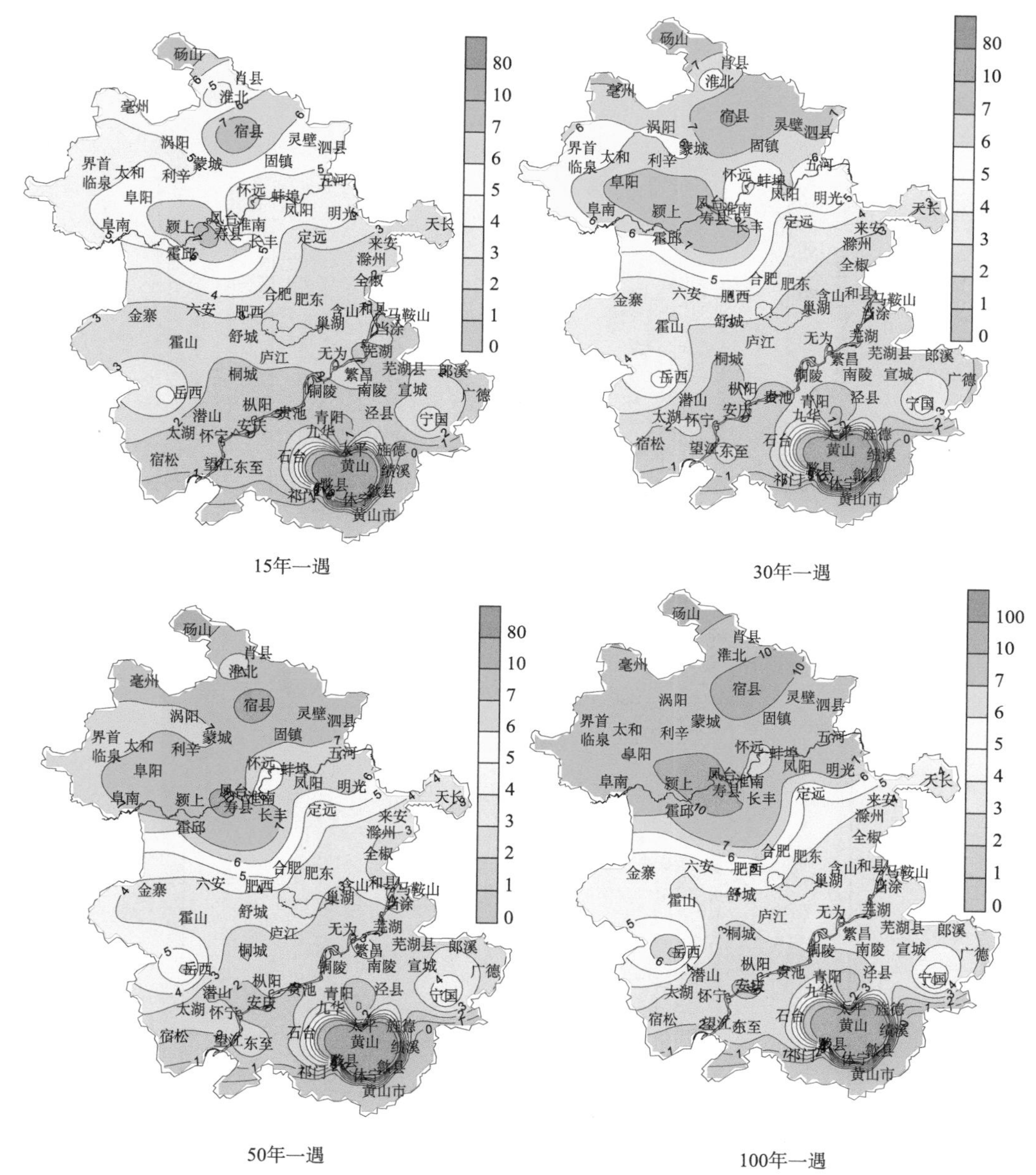

图 6.78　15 年、30 年、50 年、100 年一遇的标准冰厚分布(mm)

6.9.7.3　基于 GIS 的覆冰模型建立及重现期区划

由于安徽省观冰站太少，其中能够计算重现期的更少，故将其他试点省(湖南、江西)的台站多年一遇资料与安徽省资料汇总，得到不同海拔高度的多年一遇值，利用这些数据建立标准冰厚与海拔高度之间的指数模型(E 指数回归)：

多年一遇标准冰厚$=a\times\exp(b\times$海拔高度$)$

利用模型计算出 GIS 中每一格点的冰厚重现期，从而得到基于 GIS 的标准冰厚多年一遇区划图。具体结果如下。

(1)15 年一遇

模型：Y_{15}(15 年一遇标准冰厚)＝3.434688×exp(0.001748×海拔高度)。15 年一遇标准冰厚拟合效果、分布如图 6.79、6.80 所示。

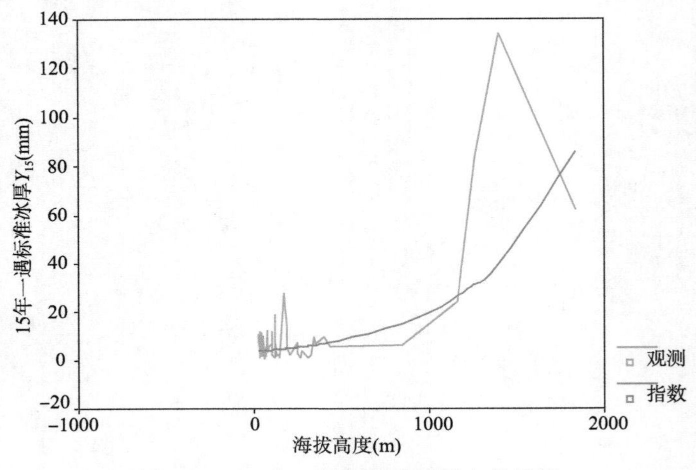

图 6.79　15 年一遇标准冰厚拟合效果图

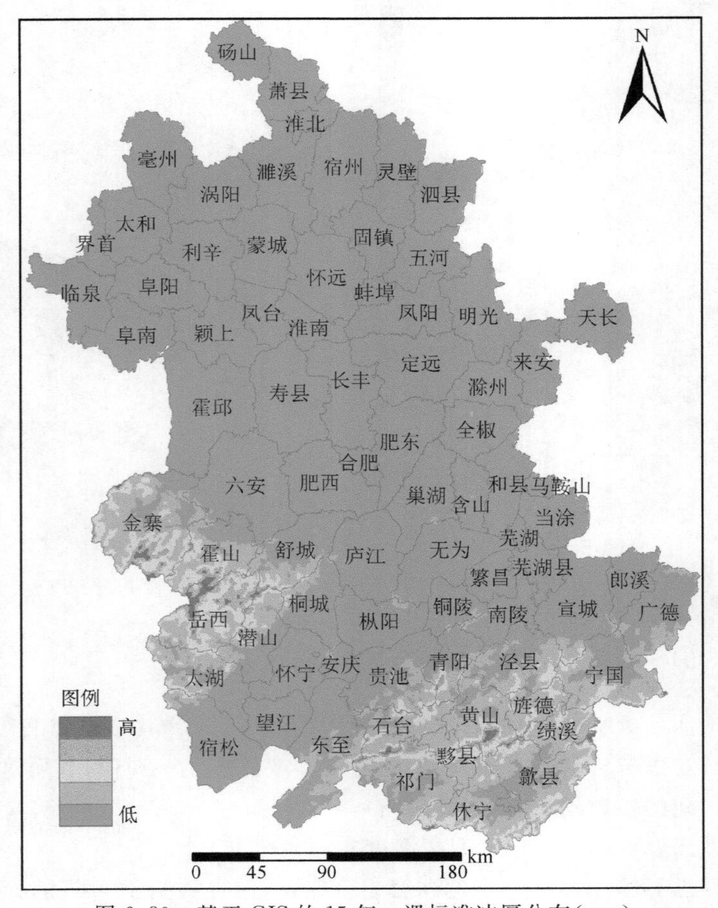

图 6.80　基于 GIS 的 15 年一遇标准冰厚分布(mm)

(2)30年一遇

模型:Y_{30}(30年一遇标准冰厚)=4.250221×exp(0.001706×海拔高度)。30年一遇标准冰厚拟合效果、分布如图6.81、6.82所示。

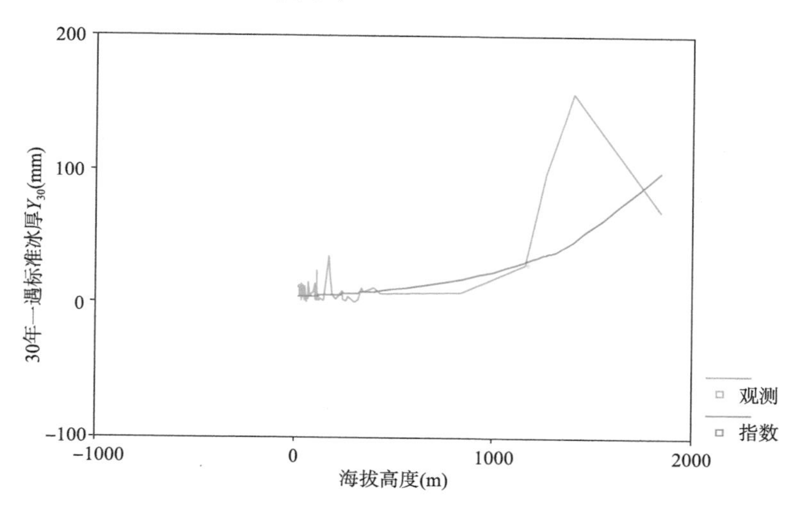

图6.81 30年一遇标准冰厚拟合效果图

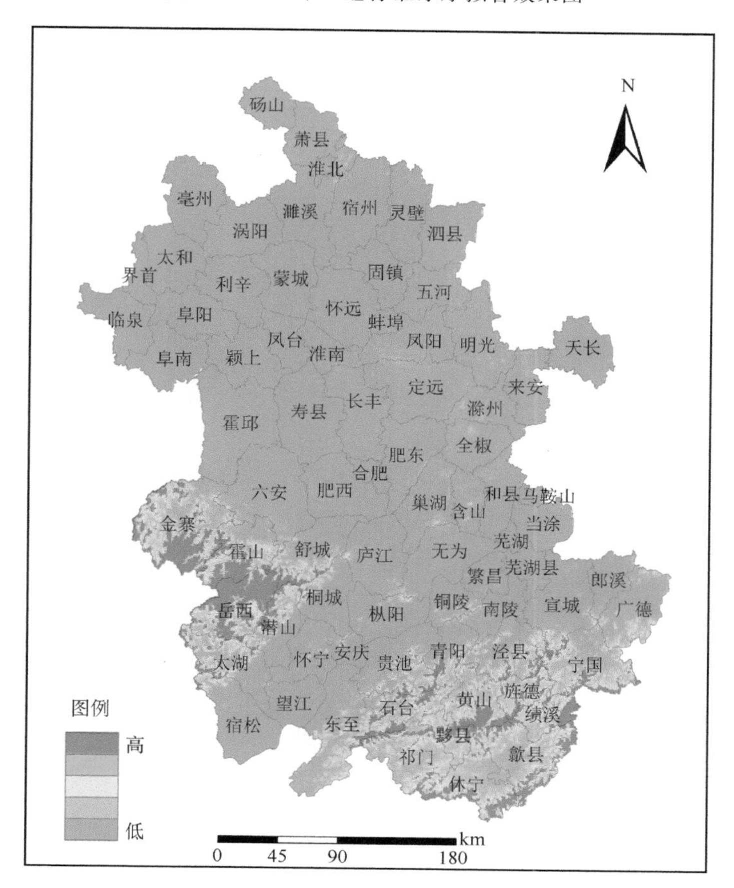

图6.82 基于GIS的30年一遇标准冰厚分布(mm)

(3)50 年一遇

模型：Y_{50}(50 年一遇标准冰厚)＝4.892507×exp(0.001674×海拔高度)。50 年一遇标准冰厚拟合效果、分布如图 6.83、6.84 所示。

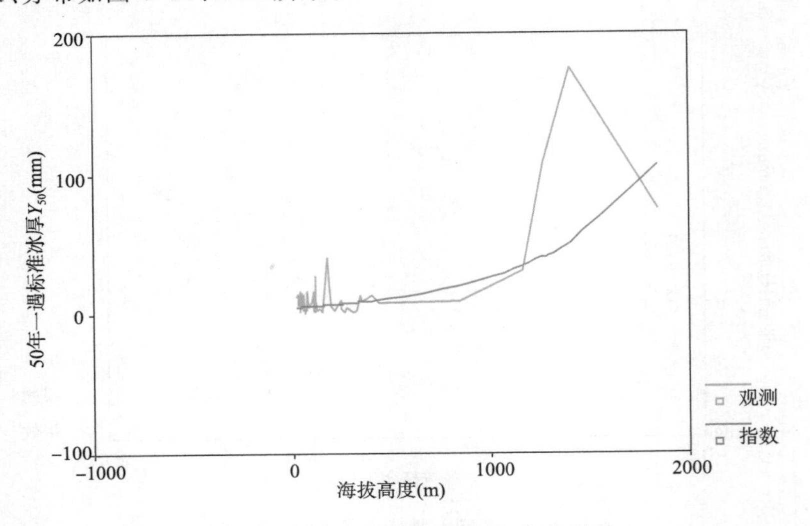

图 6.83　50 年一遇标准冰厚拟合效果图

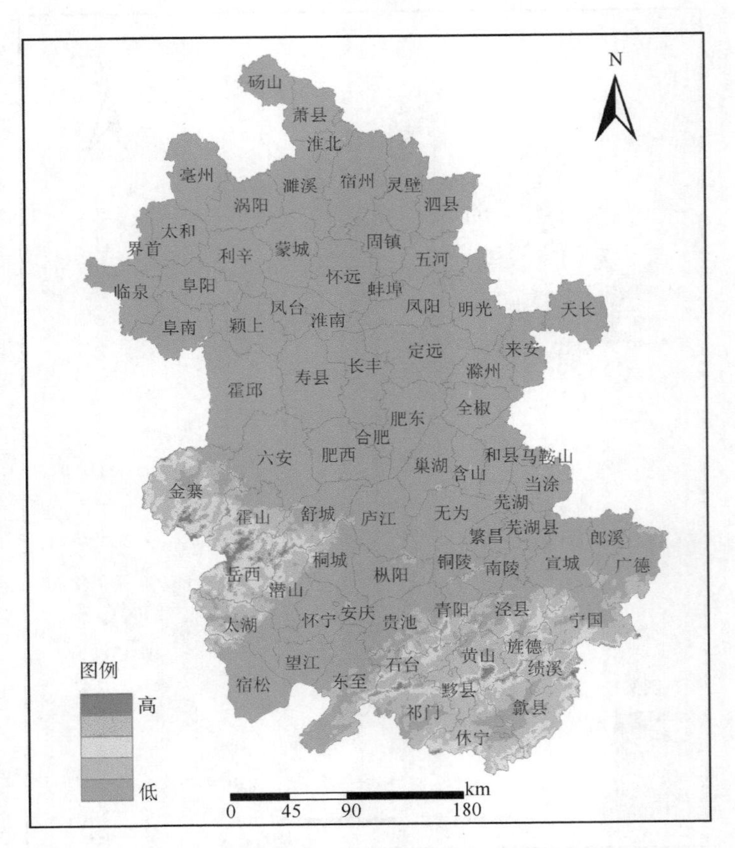

图 6.84　基于 GIS 的 50 年一遇标准冰厚分布(mm)

(4)100 年一遇

模型：Y_{100}(100 年一遇标准冰厚)＝5.69772×exp(0.001651×海拔高度)。100 年一遇标准冰厚拟合效果、分布如图 6.85、6.86 所示。

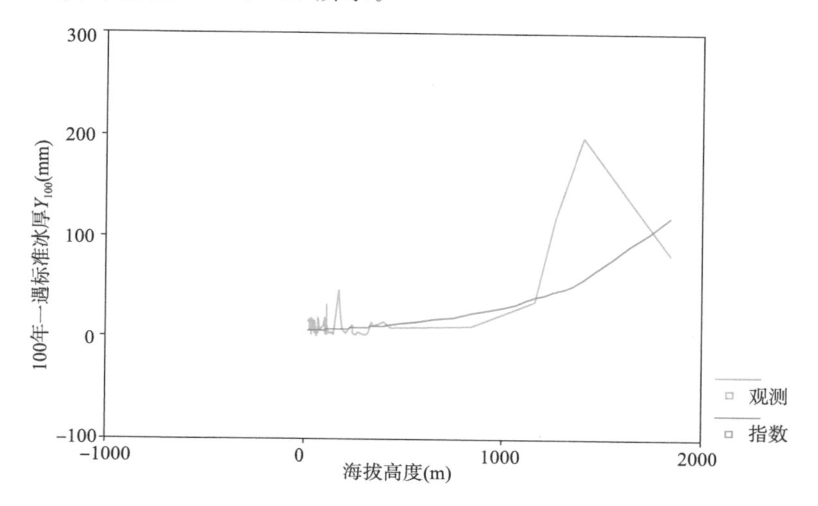

图 6.85　100 年一遇标准冰厚拟合效果图

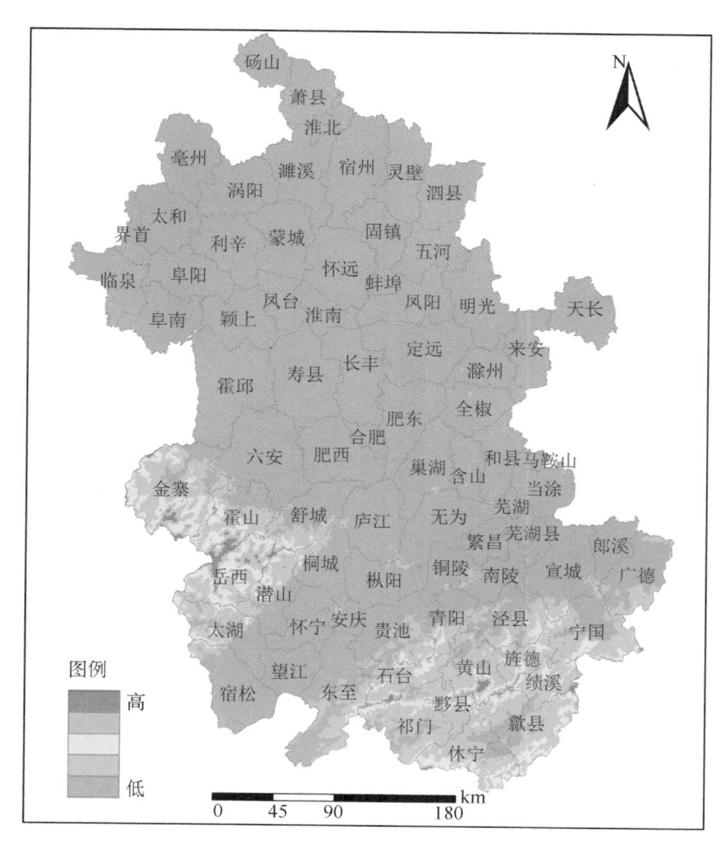

图 6.86　基于 GIS 的 100 年一遇标准冰厚分布(mm)

从图中可以发现，冰厚大值区集中在皖南山区和大别山区一带，显然是由于高度的作用。但实际上淮北地区也曾有电线覆冰发生，因此上述结果需要修正。

6.9.8　冰冻灾害风险区划

将技术路线设计的 5 套方案得到的结果放到一起进行比较（各种重现期分布因为非常相似，故以 30 年一遇为例），如图 6.87 所示。可以发现，5 张图的共同点是：皖南山区是冰厚最大区，其次为淮北西北部（最后一张 GIS 图除外），在高影响天气发生频次（图 6.87c）和 GIS 图（图 6.87e）中，大别山区也非常突出。

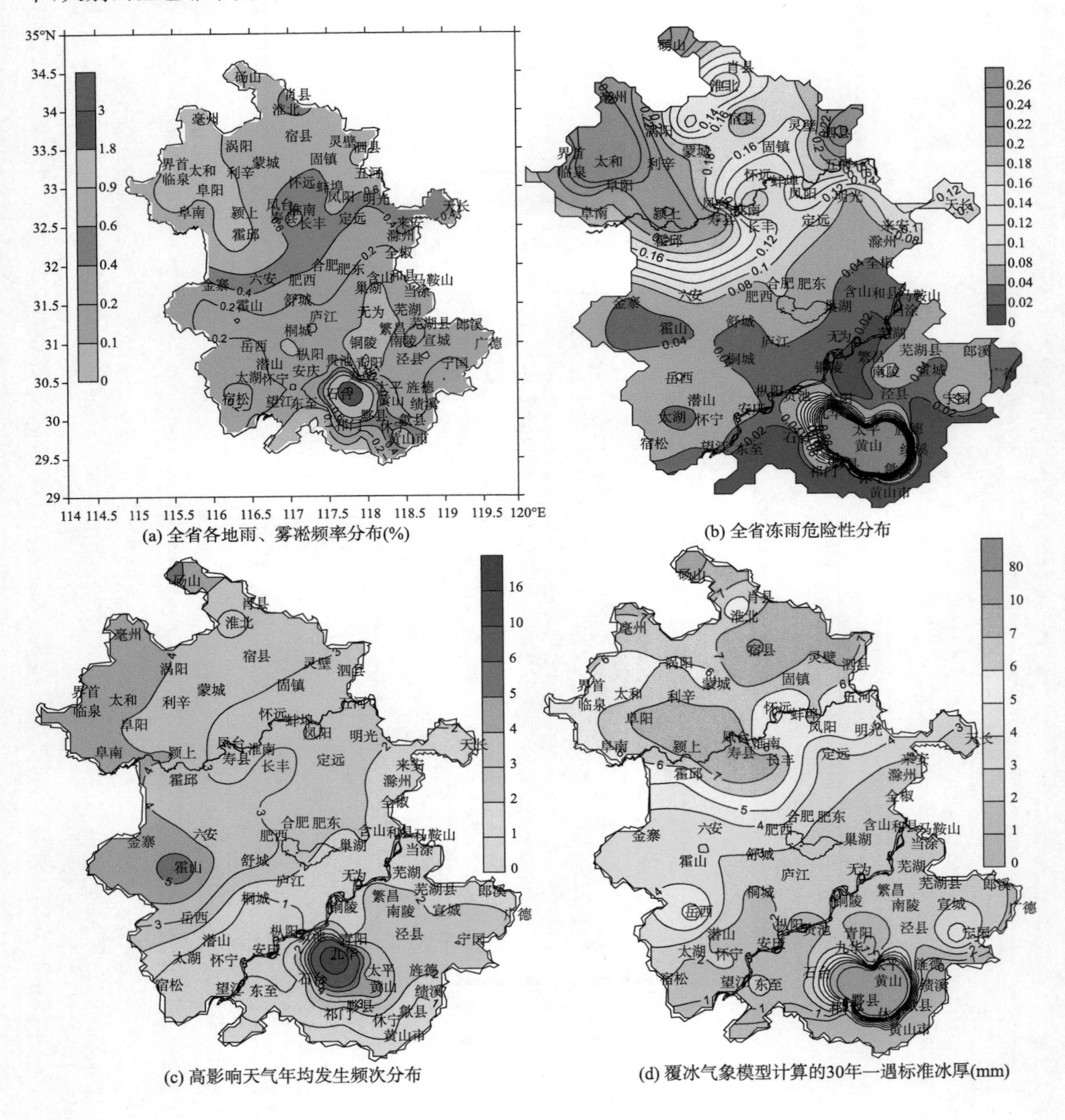

(a) 全省各地雨、雾凇频率分布(%)

(b) 全省冻雨危险性分布

(c) 高影响天气年均发生频次分布

(d) 覆冰气象模型计算的30年一遇标准冰厚(mm)

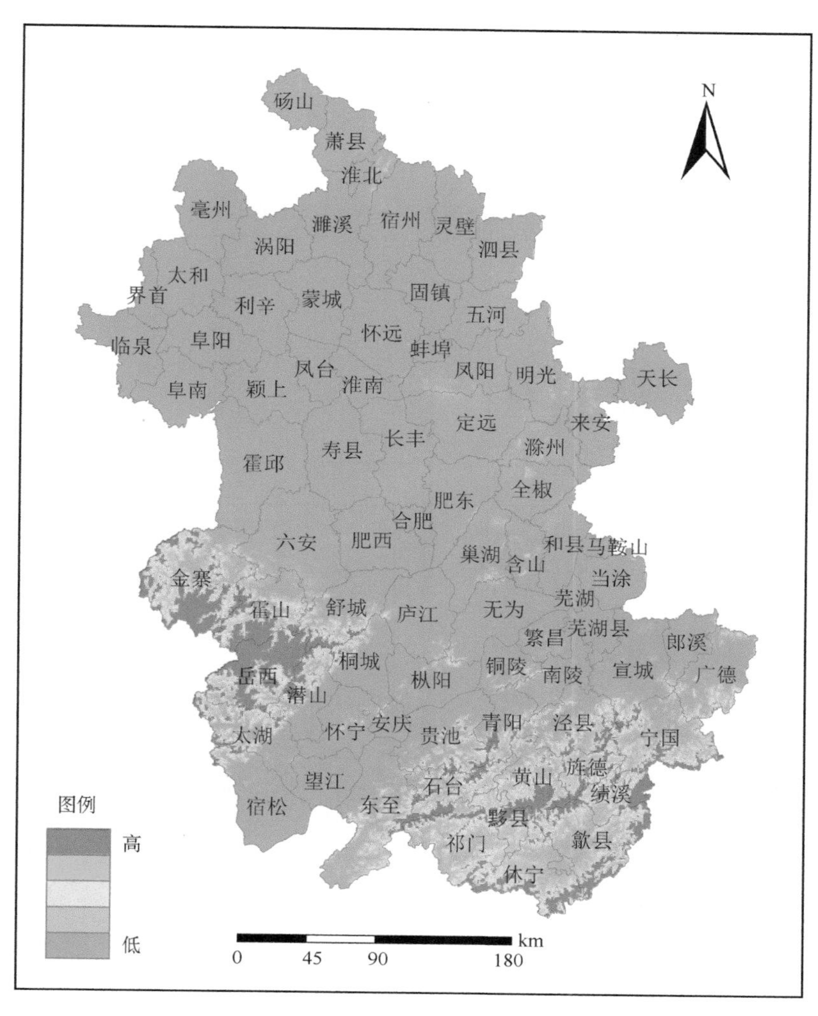

(e) 覆冰 GIS 模型计算的 30 年一遇标准冰厚(mm)

图 6.87　5 套方案结果比较(以 30 年一遇为例)

因此，无论是覆冰气象模型还是 GIS 模型计算的多年一遇标准冰厚分布结果都需要相互调和修正。

故将图 6.87d 的标准冰厚插值到 1∶50000 GIS 格点上，再同图 6.87e 格点值等权相加，得到综合后的标准冰厚。由于电力部门需要的是设计冰厚，故按照《中华人民共和国电力行业标准：电力工程气象勘测技术规程》(DL/T 5158—2002)中的公式对标准冰厚进行高度和线径订正：

$$B = K_h K_\phi B_0 \tag{6.17}$$

式中：B 是设计导线冰厚；B_0 是标准冰厚；K_h 是高度订正系数，$K_h=(Z/Z_0)^\alpha$，其中 Z 为设计导线离地高度，一般为 20 m，Z_0 为台站电线积冰观测高度，一般为 2 m，α 为指数，无资料地区可采用 0.22；K_ϕ 是线径订正系数，无实测资料地区可参照 $K_\phi=-0.126\ln(\phi/\phi_0)$，其中 ϕ 为设计导线直径(因安徽省大部分电网为 500 kV,其设计导线直径为 26.82 mm),ϕ_0 为覆冰导线直径,为 4 mm。

将上述取值代入设计冰厚公式计算,得到各格点的设计冰厚。采用自然断点法将冰厚分为 5 级,得到冰冻灾害风险区划图(图 6.88—6.91),风险等级对应的设计冰厚值见表 6.19。由图可见,无论是哪种重现期,高风险区都集中在皖南山区和大别山区高海拔地区,稍低海拔地区为次高风险区,两大山区周围为中等风险区,沿淮淮北为次低风险区,江淮之间中南部至沿江地区为低风险区。

表 6.19 各风险等级对应的设计冰厚(mm)

风险等级	15 年一遇	30 年一遇	50 年一遇	100 年一遇
低风险区	[2.8,4.6]	[3.5,5.6]	[4,6.3]	[4.7,7.7]
次低风险区	[5,8)	[6,9)	[7,11)	[8,13)
中等风险区	[8,15)	[9,18)	[11,20)	[13,24)
次高风险区	[15,31)	[18,36)	[20,40)	[24,46)
高风险区	[31,80)	[36,93)	[40,102)	[46,115)

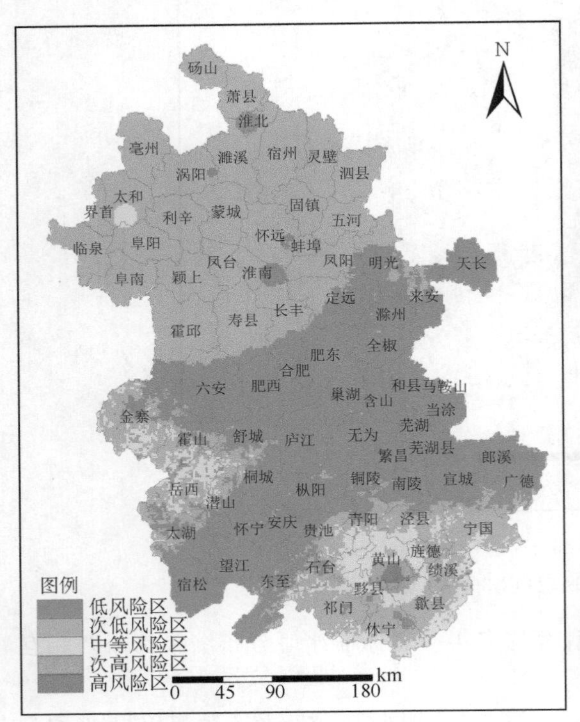

图 6.88 15 年一遇的冰灾风险区划

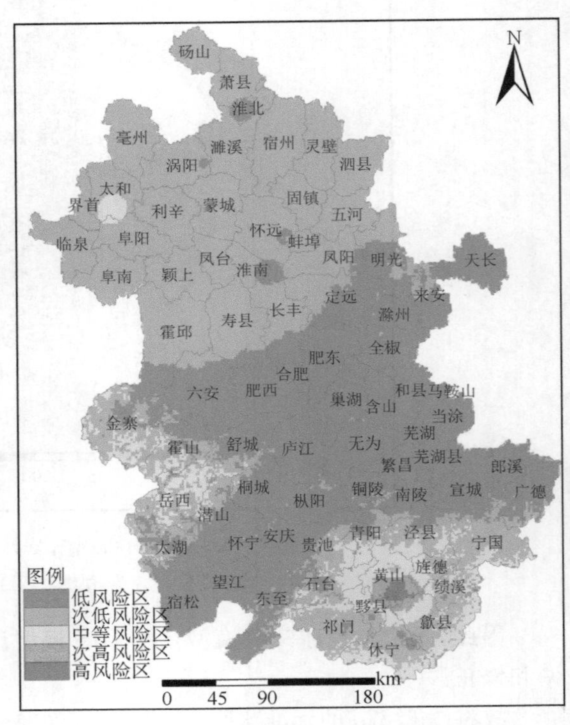

图 6.89 30 年一遇的冰灾风险区划

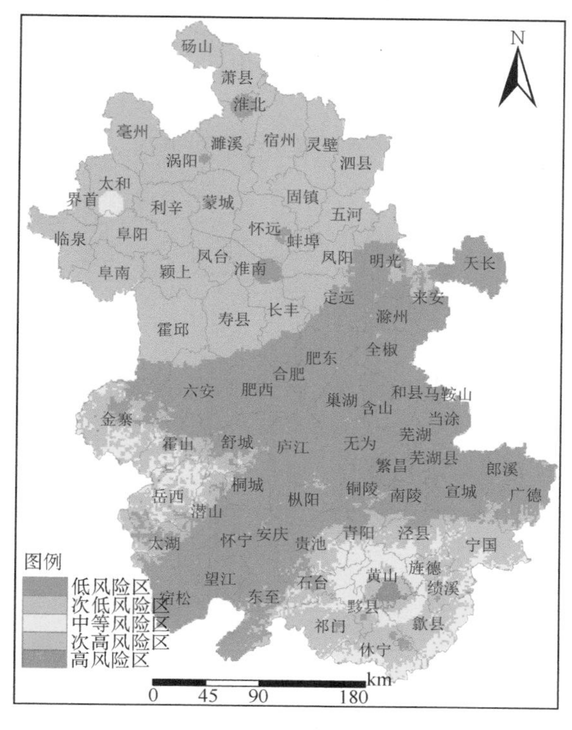

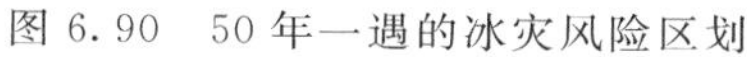
图 6.90　50 年一遇的冰灾风险区划

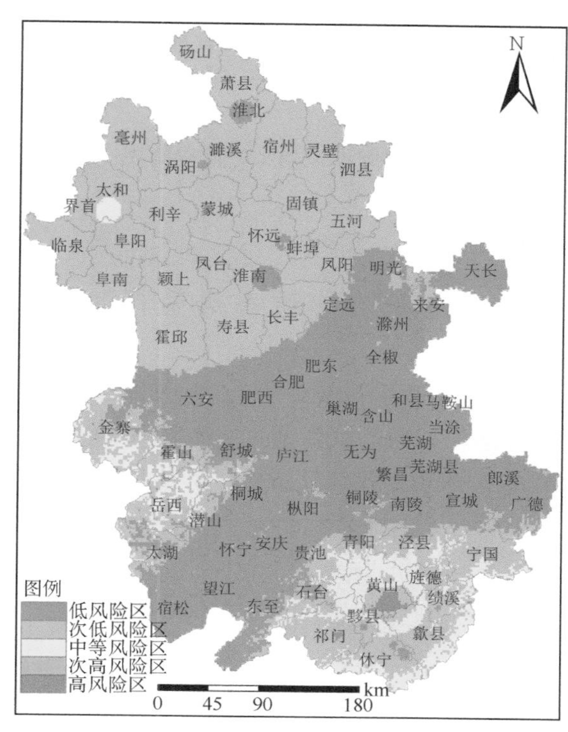

图 6.91　100 年一遇的冰灾风险区划

6.9.9　区划结果验证

利用民政部门和电力部门提供的历史灾情数据(图 6.92)对区划结果进行验证。其中,民

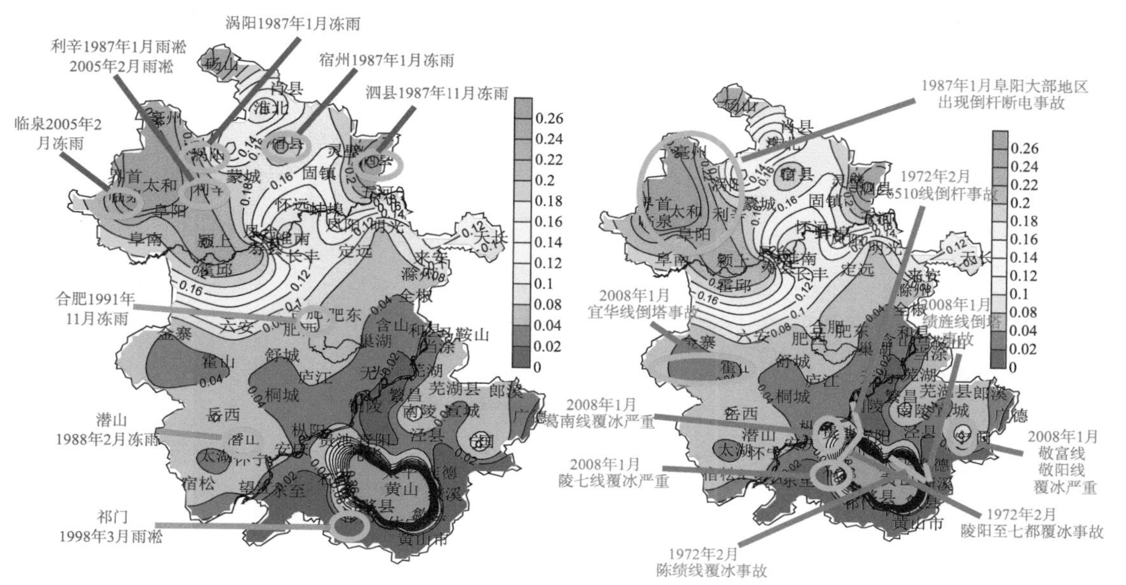

图 6.92　历史冰冻灾情分布

(左:来源于民政部门;右:来源于电力部门)

政部门的是综合灾情，多集中在淮北地区，其余在皖南山区、大别山区及江淮之间；电力部门则专门是覆冰灾害（电线覆冰、倒杆、倒塔事故等），多集中在皖南山区和大别山区，以及淮北西北部，与区划结果一致。

此外，从案例库来看，安徽省雨凇、雾凇主要出现在大别山区和皖南山区，对电力、交通、通信的影响相对严重。

6.10 气象灾害综合风险区划

根据安徽省气象灾害实际发生情况，选取影响较大的暴雨洪涝、干旱、低温、高温、台风及冰雹的综合风险指数，通过灾情解析，将其权重系数分别取 0.4、0.2、0.1、0.1、0.1、0.1，根据式(3.3)采用加权综合法得到了安徽省气象灾害综合风险区划(图 6.93)。

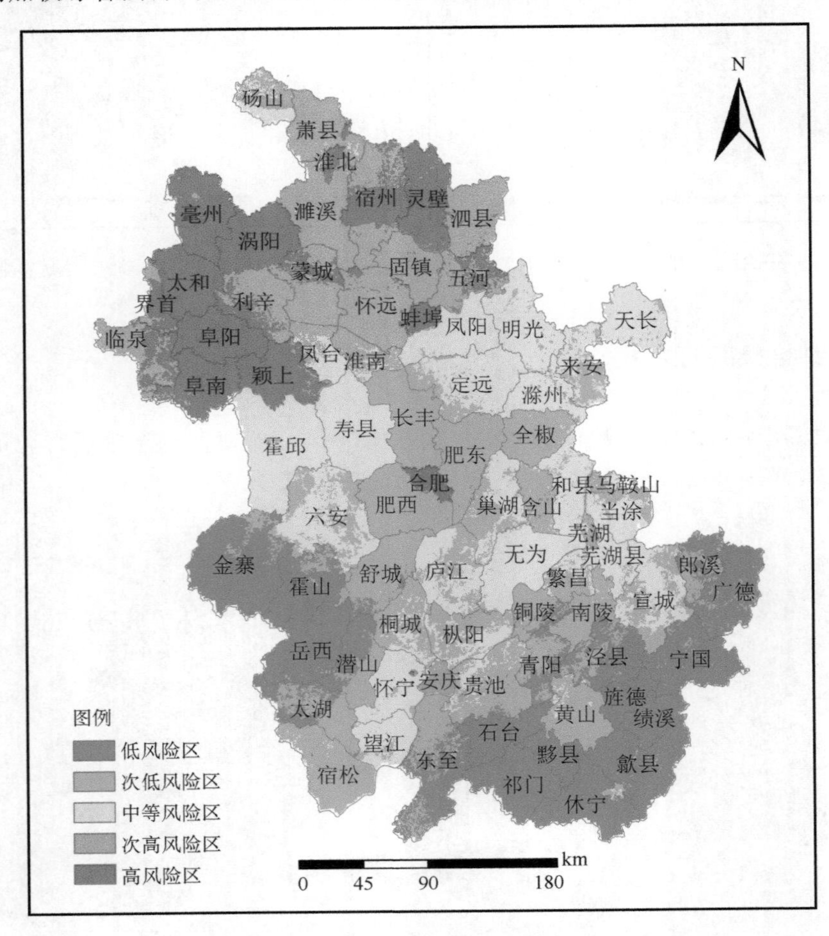

图 6.93 安徽省气象灾害综合风险区划

区划结果表明：综合而言，安徽省沿淮淮北为气象灾害高风险区，大别山区、江淮之间中部及沿江江南为相对低风险区，其他地区属于中等风险区。这主要是基于人口、农业和经济损失来考虑的。需要指出的是：大别山区和皖南山区是山洪地质灾害的高发区，虽然这些地区农作物播种面积少，人口相对稀疏，即承灾体易损性指数较低，灾害经济损失不高，但山洪灾害常常造成人员伤亡。因此，安徽省两大山区是暴雨山洪灾害高风险区，需要制定有针对性的防御规划。

本书首次根据自然灾害系统理论和风险分析理论，在分析安徽省暴雨洪涝、干旱、台风、高温、低温冷冻害、雷电、冰雹、大雾、冰冻等主要气象灾害的致灾因子、孕灾环境、承灾体及抗灾能力的基础上，构建了安徽省气象灾害风险评价指标体系和评价模型，将致灾因子危险性、孕灾环境敏感性、承灾体易损性和防灾减灾能力 4 个因子值进行加权综合，对 9 种气象灾害风险进行评估和区划，将安徽省气象灾害分为高、次高、中等、次低和低 5 个风险区。该方法给出的是基于多年平均气候态的一种静态的灾害风险区划结果，对省级层面的主体功能区规划、气象灾害防御规划等工作有着很好的参考意义。但对于暴雨洪涝灾害而言，从暴雨到洪涝形成有着复杂的水文过程，因此，下一步我们将以流域为单位，利用水文水动力模型来模拟洪涝过程，进而做出风险区划，以提高区划的精准度和可用性，满足省市县各级需求。

由于气象灾害形成、发展及产生后果的复杂性，影响因子众多，要完全定量准确地分析灾害风险存在一定的难度，目前评价结果尚难以做到与实际完全吻合。本书只是在气象灾害的风险评估和区划方面作了一定的探索，以后还需要不断地修正和完善，更好地利于社会各界使用。

参考文献

安徽省地方志编写组，1990. 安徽省志·气象志[M]. 合肥：安徽人民出版社：50-53.

安徽省统计局，国家统计局安徽调查总队，2006—2008. 安徽省统计年鉴(2006—2008)[M]. 北京：中国统计出版社.

白永清，智协飞，祁海霞，等，2010. 基于多尺度 SPI 的中国南方大旱监测[J]. 气象科学，**30**(3)：292-300.

陈晨辉，张明生，陈军，等，2008. 雷电与地形//中国气象学会. 第七届中国国际防雷论坛论文摘编. 北京：98-99.

陈华晖，梅勇成，黄晓虹，2008. 雷击风险评估若干参数的探讨//中国气象学会. 第七届中国国际防雷论坛论文摘编. 北京：205-207.

陈华丽，陈刚，丁国平，2003. 基于 GIS 的区域洪水灾害风险评价[J]. 人民长江，**34**(6)：49-51.

陈红，张丽娟，李文亮，等，2010. 黑龙江省农业干旱灾害风险评价与区划研究[J]. 中国农学通报，**26**(3)：245-248.

陈联寿，丁一汇，1979. 西北太平洋台风概论[M]. 北京：科学出版社：440-488.

陈思蓉，朱伟军，周兵，2009. 中国雷暴气候分布特征及变化趋势[J]. 大气科学学报，**32**(5)：703-710.

邓振镛，李栋梁，郝志毅，等，2004. 我国高原干旱气候区作物种植区划综合指标体系研究[J]. 高原气象，**23**(6)：847-850.

冯桂力，王俊，牟容，等，2010. 一次中尺度雷暴大风过程的闪电特征分析[J]. 气象，**36**(4)：68-74.

管珉，陈兴旺，2007. 江西省山洪灾害风险区划初步研究[J]. 暴雨灾害，**26**(4)：339-343.

郭虎，熊亚军，2008. 北京市雷电灾害易损性分析、评估及易损度区划[J]. 应用气象学报，**19**(1)：35-40.

郭志华，刘祥梅，郑刚，等，2010. 基于 GIS 的三峡库区生态环境综合评价：Ⅲ. 1951 年以来的气温变化[J]. 气象科学，**30**(3)：324-33.

韩从尚，2007. 影响安徽的台风分析[J]. 安徽水利水电职业技术学院学报，**7**(1)：27-30.

黄民生，黄呈橙，2007. 洪灾风险评价等级模型探讨[J]. 灾害学，**22**(1)：1-5.

何报寅，张海林，张穗，等，2002. 基于 GIS 的湖北省洪水灾害危险性评价[J]. 自然灾害学报，**11**(4)：84-89.

何 燕，谭宗琨，李 政，等，2007. 基于 GIS 的广西甘蔗低温冻害区划研究[J]. 西南大学学报(自然科学版)，**29**(9)：81-85.

黄崇福，2007. 主要气象灾害风险评价与管理的数量化方法及其应用[M]. 北京：北京师范大学出版社：20-58.

纪冰，2006. 安徽省对 2005 年 13 号台风“泰利”的防御及其启示[J]. 灾害学，**21**(1)：87-90.

贾朝阳，王盘兴，李丽平，等，2009. 山西省夏季雷暴的区域性及影响因子分析[J]. 自然灾害学报，**18**(2)：107-114.

蒋兴良，孙才新，顾乐观，等，1988. 三峡地区导线覆冰的特征及雾凇覆冰模型[J]. 重庆大学学报(自然科学版)，**21**(2)：18-21.

李彩莲，赵西社，赵东，等，2008. 陕西省雷电灾害易损性分析、评估及易损度区划[J]. 灾害学，**23**(4)：49-53.

李德俊，唐仁茂，熊守权，等，2011. 强冰雹和短时强降水天气雷达特征及临近预警[J]. 气象，**37**(4)：474-480.

李吉顺，冯强，王昂生，1996. 我国暴雨洪涝灾害的危险性评估[M]. 北京：气象出版社.

李蒙，朱勇，吉文娟，2012. 基于 GIS 的云南烟区冰雹灾害风险评价[J]. 中国农业气象，**33**(1)：129-133.

李谢辉，王磊，谭灵芝，等，2009. 渭河下游河流沿线区域洪水灾害风险评价[J]. 地理科学，**29**(5)：733-739.

李永华，毛文书，高阳华，等，2006. 重庆区域旱涝指标及其变化特征分析[J]. 气象科学，**26**(6)：638-644.

刘璐，栗珂，柴芊，2010. 陕西果业基地伏旱指数及其预报方法[J]. 气象科学，**30**(3)：382-386.

刘梅，魏建苏，俞剑蔚，等，2010. 近 57 年江苏省雷暴变化趋势特征分析[J]. 热带气象学报，**26**(2)：227-234.

刘敏，杨宏青，向玉春，2002. 湖北省雨涝灾害的风险评估与区划[J]. 长江流域资源与环境，**11**(5)：476-481.

刘希林,陈宜娟,2010.泥石流风险区划方法及其应用——以四川西部地区为例[J].地理科学,**30**(4):558-565.

鲁俊,吴必文,卢燕宇,2008.安徽省电线积冰的特征及气象条件分析[J].安徽农业科学,**36**(24):10570-10572.

罗培,2007a.GIS支持下的气象灾害风险评估模型:以重庆地区冰雹灾害为例[J].自然灾害学报,**16**(1):38-44.

罗培,2007b.基于GIS的重庆市干旱灾害风险评估与区划[J].中国农业气象,**28**(1):100-104.

罗慧,刘勇,冯桂力,等,2009.陕西中部一次超强雷暴天气的中尺度特征及成因分析[J].高原气象,**28**(4):816-826.

罗宁,文继芬,赵彩,等,2008.导线积冰的云雾特征观测研究[J].应用气象学报,**19**(1):91-95.

吕振通,张凌云,2009.SPSS统计分析与应用[M].北京:机械工业出版社.

马明,吕伟涛,张义军,等,2008.1997—2006年我国雷电灾情特征[J].应用气象学报,**19**(4):394-395.

马树庆,王琪,王春乙,等,2008.东北地区玉米低温冷害气候和经济损失风险分区[J].地理研究,**27**(5):1169-1177.

马晓群,王效瑞,张爱民,等,2002.基于GIS的市(县)级旱涝风险区划[J].安徽地质,**12**(3):171-175.

谭冠日,1982.电线积冰若干小气候特征的探讨[J].气象学报,**40**(1):13-23.

谭冠日,严济远,朱瑞兆,1980.应用气候[M].上海:上海科学技术出版社.

唐川,朱静,2005.基于GIS的山洪灾害风险区划[J].地理学报,**60**(1):87-94.

苏桂武,高庆华,2003.自然灾害风险的分析要素[J].地学前缘,**10**(8):272-279.

万庆,1999.洪水灾害系统分析与评估[M].北京:科学出版社.

王博,崔春光,彭涛,等,2007.暴雨灾害风险评估与区划的研究现状与进展[J].暴雨灾害,**26**(3):281-286.

王惠,邓勇,尹丽云,等,2007.云南省雷电灾害易损性分析及区划[J].气象,**33**(12):83-87.

王继志,1991.近百年西北太平洋台风活动(序)[M].北京:海洋出版社:1-5.

王瑾,刘黎平,2008.基于GIS的贵州省冰雹分布与地形因子关系分析[J].应用气象学报,**19**(5):627-634.

王绍武,龚道溢,陈振华,1998.近百年来中国的严重气候灾害[J].应用气象学报,**10**(9):43-53.

王胜,石磊,田红,等,2010.安徽省台风气候特征及其对农业的影响[J].中国农业大学学报,**15**(3):108-113.

王素艳,霍治国,李世奎,等,2005.北方冬小麦干旱灾损风险区划[J].作物学报,**31**(3):267-274.

魏凤英,2007.现代气候统计诊断与预测技术(第二版)[M].北京:气象出版社:213-235.

魏一鸣,金菊良,杨存建,等,2002.洪水灾害风险管理理论[M].北京:科学出版社.

温克刚,翟武全,2007.中国气象灾害大典·安徽卷[M].北京:气象出版社.

吴洪宝,2000.我国东南部夏季干旱指数研究[J].应用气象学报,**11**(2):137-144.

吴素良,蔡新玲,何晓媛,等,2009.陕西省电线积冰特征[J].应用气象学报,**20**(2):247-250.

吴素良,范建勋,姜创业,等,2010.兰州至关中电线积冰与导线线径及高度关系[J].应用气象学报,**21**(4):63-69.

袭祝香,马树庆,王琪,2003.东北区低温冷害风险评估及区划[J].自然灾害学报,**12**(2):98-102.

谢云华,2005.三峡地区导线覆冰与气象要素的关系[J].中国电力,**38**(3):35-39.

杨慧娟,李宁,雷飚,2007.我国沿海地区近54a台风灾害风险特征分析[J].气象科学,**27**(4):413-418.

杨益,陈贞宏,王潇宇,等,2011.基于GIS和AHP的潍坊市冰雹灾害风险区划[J].中国农业气象,**32**(增):203-207.

杨 昕,汤国安,王春,等,2008.基于DEM的山区气温地形修正模型——以陕西省耀县为例[J].地理科学,**28**(4):525-530.

叶笃正,黄荣辉,1996.长江黄河流域旱涝规律和成因研究[M].济南:山东科学技术出版社:387.

殷水清,赵姗姗,王遵娅,等,2009.全国电线积冰厚度分布及等级预报模型[J].应用气象学报,**20**(6):

722-728.

翟志宏,姜会飞,叶彩华,等,2008.基于概率分布模型的北京地区冰雹灾害风险区划[J].中国农业大学学报,**13**(6):49-53.

翟武全,2008.中国气象灾害大典·安徽卷(2001—2005)[M].北京:气象出版社:53,64.

张国庆,张加昆,祁栋林,等,2006.青海东部电线积冰的初步观测分析[J].应用气象学报,**17**(4):508-510.

张核真,假拉,2007.西藏冰雹的时空分布特征及危险性区划[J].气象科技,**35**(1):53-56.

张会,张继权,韩俊山,2005.基于GIS技术的洪涝灾害风险评估与区划研究——以辽河中下游地区为例[J].自然灾害学报,**14**(6):141-146.

张继权,李宁,2007.主要气象灾害风险评价与管理的数量化方法及其应用[M].北京:北京师范大学出版社:264-293.

张丽娟,李文亮,张冬有,2009.基于信息扩散理论的气象灾害风险评估方法[J].地理科学,**29**(2):250-254.

张敏锋,冯霞,1998.我国雷暴天气的气候特征[J].热带气象学报,**14**(2):156-162.

张强,邹旭恺,肖风劲,等,2006.气象干旱等级.GB/T 20481—2006,中华人民共和国国家标准.北京:中国标准出版社:1-17.

张效武,2009.台风与安徽防汛抗旱[J].江淮水利科技,**3**:3-6.

中国气象局,2009.热带气旋年鉴(2007)[M].北京:气象出版社:5-30.

中国气象局,2007.地面气象观测规范[M].北京:气象出版社:220.

钟连宏,常美生,1997.不同土壤电阻率对雷电放电过程的影响[J].高电压技术,**23**(1):64-66.

周成虎,万庆,黄诗峰,2000.基于GIS的洪水灾害风险区划研究[J].地理科学,**55**(1):15-24.

邹旭恺,张强,2008.近半个世纪我国干旱变化的初步研究[J].应用气象学报,**19**(6):679-687.

朱琳,叶殿秀,陈建文,等,2002.陕西省冬小麦干旱风险分析及区划[J].应用气象学报,**13**(2):201-206.

周成虎,万庆,黄诗峰,2002.基于GIS的洪水灾害风险区划研究[J].地理学报,**55**(1):15-23.

CHAN Johnny C L,SHI Jiu-en,1996. Long-term trends and interannual variability in tropical cyclone activity over the western North Pacific[J]. *Geophysical Research letters*,**23**(1):2765-2767.

Davidson R A,Lamber K B,2001. Comparing the hurricane disaster risk of U. S. coastal counties[J]. *Natural Hazards Review*,(8):132-142.

GB 50057—2010,建筑物防雷设计规范[S],2010版.

Makkonn L,1981. Estimation intensity of atmosphere ice accretion on stationary structures[J]. *J Appl Meteor*, **20**:595-600.

Maralbashi-Zamini S,2007. Developing Neural Network Models to predict ice accretion type and rate on overhead transmission lines. http://dx. Doi. Org/doi:10. 1522/030012635.

QX/T 85—2007,雷电灾害风险评估技术规范[S],2007版.

Sundin E,Makkonn L,1984. Modeling of ice accretion on wires[J]. *J Climate Appl Meteor*,**23**:929-939.

Tang Chuan,Zhu Jing,2006. Torrent risk zonation in the Upstream red river Basin based on GIS[J]. *J Geographical Science*,**16**(4):479-486.

Zhang Jiquan,2004. Risk easement of drought disaster in the maize-growing region of Songliao Plain,China[J]. *Agriculture Ecosystem & Environment*,**102**(2):133-153.